50 岁，我自花开

〔日〕有川真由美 / 著

贾耀平 / 译

北京联合出版公司
Beijing United Publishing Co.,Ltd.

读完这本书后，你会发生以下变化：

◎ 你开始具体地思考自己想做什么，能做什么。

◎ 你开始思考自己的各种可能性，开始发现自
己能实现很多目标。

◎ 你成了自己人生剧场的制作人，开始创作属
于自己的精彩人生。

◎ 你思考的核心从"效率""金钱"变成了"幸
福"和"实现自我"。

◎ 你开始知道人还有各种各样的活法，开始摆
脱经济上的不安与焦虑。

◎ 你开始把时间、金钱和精力放在重要的事和
重要的人上。

◎ 你开始积极地学习新知识，接触新事物。你
的每一天都充满着惊喜和兴奋。

要在 50 岁后绽放，那就请记住这句话——把人生当作玩游戏。

我们工作了大半辈子，不妨改变一下以往的生活方式，像玩游戏一样去过后半生。

"玩游戏"就是在"试试看"中发现乐趣和况味，并为之由衷地喜悦。

如果生活和爱好都变成了玩游戏，那么"工作"则是让人全身心投入的最佳"游戏"。

前半生，我们辛苦工作可能是为了获得收入，为了获得他人的认可，为了获得养老福利，等等。而后半生，我们工作的真正目的，真正想要的回报则是体味活着的意义和乐趣。

50 岁后，我们不妨以一种"玩游戏"的心态去工作。

当然了，那些关乎生命健康的工作用"玩游戏"来形容确实不恰当。然而，无论什么工作，最好的正是那些我们"想要做的"工作。

所谓的工作，就是通过一些给人带来欢乐、对人有帮助的事而获得"硬币"或"积分"的游戏。他人收获的喜悦越多，你获得的"硬币"也会越来越多。这些都将成为一种幸福、一种成长、一种信赖感，进而让你的人生之路走得越来越顺利。

我想，一项游戏能引发人们的兴趣是因为以下几点：

◎游戏有盼头，有胜算，所以有趣。
◎游戏有难度，有挑战性，所以有趣。
◎游戏会让你不断成长和升级，所以有趣。
◎游戏里能交到志趣相投的朋友，所以愈发有趣。

50岁后，如果能找到这种妙趣无穷又让人爱不释手的游戏，那你简直可以说是人生赢家。即便是年轻人也会羡慕不已，觉得这种活法有趣极了。

50 岁后把自己放在首位——"自我优先"

所谓自我优先，并不是随心所欲，恣意妄为。而是不让自己拘泥于家庭或公司中的角色，去找到自己能为社会做出贡献的、力所能及的事情。

我们在十几岁或 20 岁左右开始工作，那时候并不清楚自己真正想做什么，自己到底有什么能力。

前半生，我们也曾心存疑虑："自己是不是就这样过完这一生，要不要去做出改变？"然而改变运转中的人生轨道并非易事。因为，我们身在公司，上有老下有小，再加之房贷、车贷的压力，从中突然抽身并不现实。

但是，50 岁后，我们有可能摆脱这种既定的人生路线，像兴奋的孩子一样，开启惊心动魄又乐趣无穷的冒险之旅，跟随着自己的好奇心，尽情去追逐内心的理想世界。为了切实感受与他人互帮互助的意义，与周围的人建立关系就显得尤为重要。

50 岁后绽放之人

50 岁后绽放，并非指一个人的社会地位变高或赚到更多的钱，而是说他能以玩游戏的心态去寻找人生路上的妙趣，不轻鄙他人，不勉强自己，待人处事从容淡然，不断地拓展自己人生的宽度，尽情地享受人生的每一天。

姑且不论他的前半生怎样，至少在后半生，他一定有绽放自己的可能性。比如，他可以参加志愿者活动，搞创作，挑战新事物，学习新知识，等等。通过这些方式提高自己。人生路上，我们有各种各样的途径去创造可能性。本书的主要内容是围绕工作事业展开的。

"自我优先，乐活人生"指的是坦诚地面对自己，活出自己的人生。

正如前面所说，自我优先并不是随心所欲，恣意妄为，而是追求自己想做的事。

追求自己想做的事，有以下三种方法：

◎清楚自己想做什么，能做什么。

◎努力变成"被需要的人"和"受人欢迎和喜爱的人"，

并保持下去。

◎与那些能贡献价值、能相互扶持的人来往。

简单解释一下，自我优先就是做自己想做的事，并获得社会和身边之人的认可。这样的人生是至上的人生，没有比其更鲜活、更夺目的人生了。如果一个人清楚如何发挥自己的潜力，他这一生都不会失去工作。

反过来说，上了年纪后，令人遗憾之事有二：一是后悔自己没有做想做之事，二是自己没有被社会、被他人认可和需要。

弥留之际，或许我们最后悔的不是曾经的失败，而是有些事自己想做却没有做。

可能有的人认为自己可以去搞搞兴趣爱好或是到处旅行，只要做想做之事就够了。但是，如果一个人的行为出发点仅仅是满足自我需求，那么他成长的空间会非常受限，也很容易感到满足。

一般而言，人们为了自己，可能并不会拼命努力。但如果是"为了让另一个人高兴"，"为了让社会变得更美好"，这种愿望会变成他坚实的后盾。

我相信有很多人曾经因别人一句"有你在真好"而获得抚慰。

50 岁后，我们不必被公司、人情等各种关系束缚，可以自由地选择自己的工作和打交道的人。为社会做贡献，与他人相互帮助，都是在与社会、他人建立联系。

其实，无论什么样的人，不管在哪个年纪，都能绽放自己精彩的人生。

送人玫瑰，手有余香。助人也能成己。

有的人，他的花会盛开许多次；有的人，他的花会经过较长的花期后开得硕大又艳丽。

如果你能在阅读本书的同时问问自己"该如何走以后的路"，那我会深感荣幸。

来吧，开启你真正的人生之旅吧！

目 录

第三章
成为被信赖、被需要的人

第五章

50 岁后绽放之人，50 岁时止步之人：两者迥异的思维惯性

第一章

50 岁后把自己放在首位

01 你是不是后半生不想上班？

　　——那是因为你一直在给别人上班

　　我在动笔前，曾问过周围人一个问题："后半生想做什么工作？"

　　有一半以上的人回答："不想工作。"

　　很多人不想一直工作到老。他们觉得身体吃不消，精神压力也大，就想靠那点儿退职金①和养老金过日子；另外，他们也想搞搞自己的兴趣爱好，丰富一下自己的生活，如果现在中了彩票，就立刻辞职。现在有这种想法的人不光是中老年人，年轻人也不在少数。

　　我想，人们之所以有这种想法，可能是因为一直在为别人上着自己不想上的班。

_____

① 日本的退职金是员工退休或因故离职时，公司一次性或分期支付给员工的费用，不同公司的数额不同，不是每个公司都有，常常只有大公司才有。这是大公司给员工的福利。大部分人还是靠社保养老金生活。——译者注

很多人常年在单位勤恳工作，总是在令人崩溃的重压下，带着对工作的责任感，做出了比别人更多的牺牲。越是这样的人，就越容易产生逃离职场的念头。

相反，有些人做着自己喜欢做的工作。对于这些人而言，上班办公，做出成绩，为他人带来喜悦……这些事情做起来让人乐不可支，非常享受。因此，只要身体没问题，他们就想一直上班。另外，他们还想十年以后再尝试一些其他工作，挑战一下新的领域。这种心劲儿让他们看起来更有活力，更有生机。

上述两类人，他们的区别就在于自己的生活是被"他人决定的"还是"由自己决定的"。

如果把人生的方向盘交给公司，自己虽然获得了所谓的安稳和轻松，却要忍受各种束缚和不自由。

只要上班，公司规矩就要放在个人好恶之前。规矩就是规矩，尽管有时你无法接受，也得按规矩来，即使筋疲力尽，你也不能按照自己的节奏行动。

特别是 70 后，他们为了工作或多或少牺牲了个人生活、学习、爱好、娱乐和其他私人追求。

我们每天按时上下班，察言观色和小心翼翼地做事，承受着精神压力和任务期限的压力。如果连续数十年都要遵从他人的规矩和指挥，我们难免会产生"我可真不想这么工作到老"的想法。

每个人内心深处多少都会有一些"想轻松快活""不愿吃苦"的念头。想要的东西越多，人就越倾向于那条安全保险的路，不愿再去冒险闯关了。

普通人尚且如此，更何况那些上了年纪的人。他们更愿意选择相对轻松、简单的工作。自尊心和面子也不允许他们遭遇什么失败。然而，那条安全保险的路，并不能让我们活出自我，只会把人折磨成满脸愤懑的怨男怨女。

那么，对人生，对工作，我们有必要来一次 180° 的认知转变。

我们不一定选择轻松易走的路，而要选择令自己享受其中的路。

拿旅行来打比方。如果我们跟团旅游，虽然很轻松，但要遵循规定的路线；一个人旅行虽然麻烦，但能走自己喜欢的路线，感受兴奋和刺激。

谁都能独自一人去旅行，人生本就是一场一个人的旅行。

50 岁后，我们与公司、家人的关系也会发生变化。这也是改变生活方式的难得契机。

如果找到自己好奇的、感兴趣的领域，并带着愉快的心情和轻快的脚步朝着它们前进，那么你所选择的这条路一定比所谓的安稳轻松之路要好得多。你的精神压力也会小一些，更能获得个人成长，受到外界的好评，同时获得物质上的满足和精神上的安全感。最重要的是，你每天都能开开心心地工作。

自己做主的事越多，对身心健康越有益。

在第一章，我们就来聊聊这种"把自己放在首位的工作法"。

不一定选择"轻松易走的路"，

而要选择"令自己享受其中的路"。

02 你是不是觉得"能有份工作就很感激了"？

——公司不会像你自己一样爱护自己

在日本，法定退休年龄年年推迟。如今，70岁退休几乎成了板上钉钉的事。不久之后，这个年龄可能变成75岁，未来说不定连退休一说都没有了。

对此，社会上有各种各样的声音。有的说"退休这么晚吗？我还想靠退休金生活呢"，有的说"哎呀，能有个班儿上就不错了"。

我们大多数人都是围绕"工作＝被雇用"这一想法来规划人生的。因此，大部分人都想从事稳定的、收入不错的工作。

我每次听到延迟退休年龄的新闻时，常常怀疑这种事究竟是不是纯粹的好事。诚然，生活安稳确实不是坏事，但很有可能会让我们失去"活出自我"的宝贵机会。

很多人按部就班地上下班，他们觉得这就是人生，丝毫没有怀疑过这一认知。然而，真是如此吗？

在集体生活的迎合应付中，你是不是觉得大家想要的东西就是自己想要的？你是不是认为别人都赞成的东西自己也应该赞成？你是否真正倾听过来自内心深处的呐喊声？

我们从小被父母和老师教导"要做个乖孩子"，长大后走入社会，又被要求"要友好""要赢"。被强行灌输过这种价值观后，一旦我们突然离开没有束缚的环境，很可能就找不到自己想做或能做的事情了。

我在这里并非要否定这种活法。社会的结构和价值导向对个人成长有巨大影响。我也不例外。我也在努力生活，努力寻找自己的归属，并拼命坚守自己的阵地。正因如此，我才能掌握工作技能和处理好各种人情世故。然而，每当我思考以后的人生之路时，内心深处"我真的不想继续这样过完一辈子"的那些声音总是让我无处遁形。

有一个寺庙的住持曾连日接待过好几位心有烦忧的访客。这些访客有的犹豫着想辞掉工作，有的为家人之间的关系而忧心忡忡，有的则不知道自己要怎样活下去。住持听完访客们的倾诉，总是反问同样一句话："那么，你想做什么？"

访客们竟无一人给出回答。住持的意思是说，如果我们知道自己想要做什么，可以想想如何才能实现。因为，所有的解决方法都是从"自己想要什么，想做什么"开始的。

我们回到刚才的话题。如果你珍惜时光，就要停下亦步亦趋的脚步，思考一下人生的意义，从"大家眼中好的活法"转变为"让自己满意的活法"。

这并非难题，甚至要比以往的选择更简单。

在刚开始转变观念时，我们可以从小事做起，尽可能地选择"自己想做的事"，而不是"自己必须做的事"。最重要的不是瞻前顾后，面面俱到，而是跟着自己的感觉走。

人生原本没有任何东西是必须做的。只有选择那些真正让自己欣喜的人、事、物，包括喜欢的食物，想见的人，想去的地方，想看的风景，想听的声音，想做的事情……"自己"这个人才能"立体"起来，才能知道什么真正让自己精神振奋，什么真正让自己感到厌恶，什么样的世界真正让自己安心、放心。

如此，我们才能发现什么是令人满意的工作，什么是幸福的工作法。

很多时候，我们以为对自己无所不知，其实是真的一无所知。尤其是那些一直在公司上班的人，以及那些万事优先考虑家人的人，要趁此机会重新"寻找自我"。

满足自我、追求幸福的唯一方法就是找到令自己由衷地感到喜悦的人、事、物，并花费时间和精力去好好地对待这些人、事、物。

把"我想做"而不是"要我做"

当成判断基准。

03 你是不是非常害怕失去工作？

——无论是工作还是家庭都有"保质期"

请容许我讲讲自己的经历。

我曾经在公司很辛苦地工作，那时候就有一个念头，"人越工作越不幸"。我越是拼命努力，我的身心健康就越出问题。赚的钱没时间花，家人、好友也没工夫陪伴。那时候的我依然没有辞职的想法，因为我觉得好不容易上了班，如果辞职就代表自己是"输家"，是"逃兵"。老实说，如果没有工作，我会非常害怕别人鄙视的目光，仿佛会被人指着鼻子说"真是一事无成"，"实在是可惜"。

而不久以后，身心已经千疮百孔，我不得不辞职离开。过了半年再找工作时，我发现自己以前的工作经验居然丝毫派不上用场，即便我在以前的公司受过表彰，晋升顺畅。然而，离开公司后，这些成绩只是张废纸。我发现自己身上居然连一丁点儿能让我自信地"拍着胸脯说我能行"的优势也没有。

后来，我先后进了不同的公司。我在婚庆公司做过摄影师，掌握了摄像、摄影技能后辞职单干，然后又去报社做临时雇员。原本觉得工作终于稳定下来了，我可以做到退休，结果法律条款更新，我和报社的合同也终止了。

那时候我即将 40 岁，离退休还有二十年，谈退休还为时过早。

那段时间，我每天睡前都会问问自己"到底想要什么"。有一天早晨，我的眼前浮现出自己扛着摄像机到海外采风的样子，我的心里突然涌出一种难以自抑的冲动感。几个月后，我就真的去海外了。

一开始很不顺利。在海外流浪了一段时间后，我回到横滨，租了间不带浴室的独立房间，靠着日结薪资的兼职和周刊杂志的零星摄影投稿勉强过活。但是，这条路，这条尝试着走向自己真正想去的方向的路，每一段都让我感到很享受、很幸福。

也许，有人听了我的这段经历会说"也只有年轻人敢跳出原来的圈子吧"，或是"偶然被幸运之神眷顾才走得这么顺吧"。确实如此，我的路与当时的年轻和遇见贵人有很大的关系。不过，即便是50岁、60岁被迫离开原来的公司，我也能找到自己想做、自己能做的事。

利用好积累的知识和技能，以及以前的人脉关系等资源，我相信这条路我会走得越来越有趣，越来越快乐。

我做过正式员工、合同工、自由职业者和企业管理者等，做过的工作有五十多种。我在反复地跳出老圈子，闯入新圈子。

人们常说"进了一家公司，就要坚守一份工作"，"常年坚持工作，才能体现员工的价值"。然而，无论是工作还是公司都是有时效的，甚至家庭的形态也有"保质期"。总有一天，我们会被迫离开公司或家庭，割舍所谓的身份。

当今时代，以前那条"先学习（20岁前后），再工作（60岁前后），最后退休（直至死亡）"的绝对人生路线已经逐渐模糊，慢慢取而代之的是各个年龄段的"学习""工作""游戏"三条路线同时并行的人生。在工作的同时，我们又能学习和游戏，并逐渐进入下一个人生阶段。

换句话说，公司并不是员工辛苦劳动，老了就被抛弃的地方。我们应该把心态从被动变为主动，把公司当作自己迈向人生新阶段的踏板或垫脚石。

我会在接下来的第二章、第三章进行详细谈论。除了公司，其实在社会这个巨大的"场"内还有无数种不尽相同的生活方式。那些在同一家公司工作数十年的老员工，或是为家务和孩子忙个不停的家庭主妇，他们并非什么都不会，什么都不懂。

如果把整个社会当作人生的"场"，那么我们可以直接从这个"场"中看到能给绝大部分人带来幸福的途径和方法。

在每一个年龄段，同时进行
"学习""工作""游戏"。

04 你是不是觉得现在为时已晚？
——被公司认可并不等于自己的价值

过节期间从大城市回到老家的人经常会说"小地方不好找工作"。

无论是中老年人还是年轻人都在感叹小地方"公司少""工资低"，自己在小地方"当不了正式员工"……

这里，我要插句话。新冠疫情暴发之后，越来越多的人远程工作。小城市包括看护、保育、农业、运输业等各个行业人手急缺。思维灵活的人就会从这些行业中找到符合自身条件的工作。他们或是自己开店，创办公司，或是参与城市振兴或志愿者活动等，融入地方环境。

但是，以前在大公司或政府部门有头衔、有地位的人，退休后也常常拘泥于自己的声誉或立场，对自己专业之外的领域，总说"自己这把年纪做不好这些事"。

也有一些家庭主妇，在孩子成家立业，终于迎来自由生活的时候，却觉得现如今自己根本不想兼职或者打工等。

我的话可能不中听，像这种所谓的"要面子""爱自尊"简直是百害而无一利。这些人平时可能在别人的夸奖或与人比较中才会找到自己的价值。

当一个人毫无自信心时，他才会炫耀自己的头衔或过去的荣誉，才想用一些光鲜亮丽的工作去包装自己。相反，当一个人充满自信心时，他总是虚怀若谷，谦恭有礼。因为心里清楚自己的实力，所以他用不着通过各种头衔或荣誉包装自己，也不会看不起别人。只要能促进自我成长，哪怕面对小辈或晚辈，他也会不耻下问，认真聆听他人的意见。

因为，无论你再怎么介意周遭的眼光，旁人对你感兴趣的程度并没有你想象的大。

因此，你要活出自己认可的人生，活出真心为自己高兴的人生，而不是他人眼中好的人生。

如今，日本人工作方面的价值观也在发生巨大的变化。

现在的年轻人要比中老年人更加重视个人的幸福和自我成长，而不是地位和收入。因为他们发现，牺牲自我，拼命工作，并不一定会获得相应的回报。这种直观的感受促使年轻人做出改变。

相对于"收入""头衔",年轻人更重视"工作的意义"和"工作的愉悦感";相对于"归属",年轻人更重视"自己的未来"和"自己的人际关系"。

他们不会把精力耗费在应付公司的上下级关系中,也不会绞尽脑汁往上爬,而是注重"平行关系",在与他人协力合作的同时寻找发挥自身能力的地方。中老年人反而很难改变自己长期形成的价值观。

转变观念的人可以从以往的"诅咒"中解放出来,走上"不逞强,不勉强,从容悠闲"的人生之路。

每个人心中都有一种想被他人认可的欲求。这种欲求会伴随我们一生,而且它还会转化为我们前进的动力。

正因如此,我们万万不能变成一个倚仗头衔走路的可怜人。

只要你离开公司,所有和你有利害关系的人也会一哄而散。你想见某个人或是想和某个人共事,也是因为这个人在人品和工作态度上很有魅力。那些怀抱热情、埋头苦干的人,那些在自己的领域悠然自得地享受工作的人,并非"停滞之人",而是"尽享当下之人"。这些人很酷,很值得敬佩。

那些总觉得为时已晚的人，需要拥有足够的能力来让自己感到满意，并获得他人的认可。

我们首先要做的不是选择工作，而是成为被选中的人。

要对现在的自己有自信，

而非过去的自己。

05 你是不是觉得上了年纪就找不到工作了?

——不要和年轻人同台竞技

前些日子,我给坐轮椅的母亲办理转院,就叫了医院的护理出租车。

那位出租车司机已经70岁了,但工作起来竟然相当专业。他把洗干净的毛毯搭在我母亲身上,耐心地询问我母亲冷不冷,还时不时地和她搭话聊天,让人感到十分安静平和。另外,他开车也很小心,无论上下坡还是在平缓的高速上行驶,他都尽量走平坦的路。车厢的摆设方面,他也下了很多功夫,尽可能地让病人舒适地待在这个空间。

司机说这个护理专用出租车是他自己改造的。

我问他:"果然是内行。您一直在做这个工作吧?"

司机说:"不是。我前几年要照看父母,就回老家了。去市区医院接送他们的时候,我和医院的人逐渐熟络起来。正好有一天,事务长跟我说让我帮个忙。"

我猜事务长绝不是随便找个人帮忙的，而是看他照顾病人的样子，从他的言谈举止中发现这个人还挺靠谱的。

"以前我只有一个普通驾照，后来参加了初级护理研修班。现在，我和很多医院有业务往来，有时候一天要跑五百多公里呢。"据司机说，几年前他是一个公司的社长，一直在日本关西地区做重型机械租赁工作，因为业务关系有二十多种资格证书。他举一人之力把公司做大后，将资产都转移给妻儿，离婚之后只身回到故乡。

所谓的"显性资产"虽然没有了，但是他的工作态度、思维方法，以及积累的知识和技能等"隐形资产"却不会消失。一般来说，明眼人稍微接触一下就能看出来一个人到底行不行。

我们常常听到有人抱怨"一上年纪，工作就没有了"。那是因为这些人是在和年轻人同台竞技。有过跳槽经历的人都很清楚，不要说 50 岁，就算才 30 岁，除非你有非常特殊的技能或资格证书，否则很难找到好工作。

按照一般的招录标准，一对照你就会沮丧地发现自己存在各种缺点："没技术"，"没经验"，"没资格证"，"不年轻"，"思维僵化"，"体力不够"，等等。而且，越是年龄大，你在工作上越是每况愈下，有心无力。

即使你现在还在公司上班，若想做个满足公司要求的人，你也会在上司的"××没做好""绩效不够""没有领导力"等各种指摘下，拼命弥补自己的缺点与短处。

要想从"工作优先的活法"转变为"自我优先的活法"，我们需要完全转变自己现在的思维。

我们可以从自己的"现有资源"和"可取之处"开始做，而不是过分盯着自己的"不足之处"。

对50岁后的人来说，重要的资源、资产不只是看得见的工作资格证书或工作经验，还应该包括观察事物的眼光、人际沟通能力、问题解决能力等一些连本人都尚未意识到的东西。比如说"喜欢和人说话"，"别人都说我眼光不错"，"对环境问题感兴趣"，等等。兴趣爱好、好奇心，以及专长特长等才是我们最大的资产，也是一个人前进的最大动力。

把自己拥有的全部资产都调动起来，去做好自己的工作。正所谓"姜是老的辣"，"年长"也是一种重要的资产。

在一些销售保健品的节目上，常常有八十多岁的健身教练和九十多岁的体育教练出场。他们正是因为自己的年

龄而受到称赞，登上新闻。我周围有一些女性朋友，她们
50 岁开始练瑜伽，60 岁成了健身教练。比起年轻人，因
为她们更了解中老年人的身体，所以在教授适合中老年人
的瑜伽方面，她们很受欢迎。

中老年人不应该去竞争任何人都能胜任的工作。

无论 50 岁、60 岁，还是 70 岁，每个年龄段都有其
相应的人生策略。

<u>聚焦"可取之处"，而非"不足之处"。</u>

06 你是不是觉得自己除了某个工作，其他都不会？

——无须把自己绑在某一个工作上，你能做的
工作有很多

无论是年轻人还是中老年人，都认为最理想的情况就是在同一家公司工作到退休，并据此制订人生规划。确实如此，跳槽转岗并不容易，长期在同一家公司工作，无论是经济上还是晋升上都有好处。

但是现如今，能一辈子待在同一家公司上班的人越来越少了。很多时候，问题并非出在员工，而是公司。由于公司破产倒闭、裁员改组、人际纠纷等原因，不得不离开公司的人越来越多。

如果跳槽转岗时，你依然认为"自己只会事务性的工作"，"自己只有××资格证书"，等等，将全部心思放在原来的工作上，不想向其他领域发展，那你之前积累的经验、技能很难在新的环境下派上用场。

当然了，一个人常年在同一家公司工作，也能打拼自己的事业，实现自己的梦想。如果公司内外对他的工作履历都交口称赞，在他跳槽或退休后，也一定会有机构愿意返聘他或者直接招募他。

如果你总因为自己"只会这个，其他都不会"而整日闷闷不乐的话，那不妨考虑一下其他的选项。

仔细想想，一个刚刚从高中或大学毕业的毫无社会经验的人，把自己的第一份工作当作"终身事业"做一辈子，在如今这个万事万物变化飞快的时代几乎是不可能的。

比如，你在 20 岁时挑了一件款式差不多的衣服，你觉得自己这辈子都能穿出去。如果你足够幸运，可能挑到了一件能穿一辈子的衣服，但是很多时候，你会发现，随着年龄的增长，这件衣服"渐渐穿起来不怎么合身了"。你甚至觉得应该再去选选其他款式。这种心理是非常正常的。

工作就像恋爱一般，需要偶然的、命运般的邂逅。不相处一段时间，很难知道自己能不能和对方过一辈子。性格适不适合，跟不跟得上时代，能不能坚持到底，等等。这些问题的答案会随着年龄的增长而不断变化。

即使是为了生计而不得不硬着头皮工作的人，50岁后，也可以尝试挑战一下自己过去想做的工作，或是以现有的工作经验为基础，自立门户，甚至在一个全新的工作环境中从头开始。

我常去一家书店咖啡屋，老板和老板娘在他们60岁后才搬过来开了这家店。

老板以前是编辑。老板娘现在在短期大学教授古典文学课程。在夫妻两人的经营下，从小孩子到90岁的耄耋老人都经常光顾咖啡屋。顾客们常和夫妻二人聊书籍聊得不亦乐乎。那种开放的、元气满满的氛围对我震撼很大。

原本孩子长大独立后，老板娘准备开个会员制的文学沙龙（书店咖啡屋的前身）。她说她早就想这么做了，就算丈夫反对，她离婚单干也要做。结果丈夫听了她的想法，居然从公司辞职，和她一起开店了。

现在，丈夫负责咖啡屋的设计，主持讲座和举办活动等，工作不慌不忙，并且乐在其中。

就像他们夫妻二人一样，我们可以将以前积累的知识作为武器，改变自己人生的活法。

50岁后，工作上最重要的不是获得多少成绩或报酬，而是能获得多少充实的时光和内心的满足。

此时还在工作岗位的已经四五十岁的人可以花上一段时间，想想退休之后的其他工作，努力找到想做的和能做的工作。给自己多做几个备用项，多找几条后路，肯定比突然离开公司的那种手忙脚乱更让自己有胆量，有底气。

真正的安稳并非一成不变，墨守成规，而是思维灵活，善于保持生活和工作的平衡。因为人的心境、状态、周遭环境都在时刻变化着。

人生进入保守防御阶段后，

要积极地选择"改变"而非"守旧"。

07　你是不是觉得自己想做的东西不能变现？

——"喜欢的事""想做的事"要适当

有人告诉我他退休后想做农业方面的工作，但因为似乎赚不到钱只好作罢。

我问他："你是因为赚不到钱，才不做的吗？"

他一脸苦恼地说："想做但是又不能靠它填饱肚子，只能放弃了。我这个年纪，真不想栽跟头了。"

年轻人也跟我聊过类似的烦恼。

"我想做插画师，但是成功率很低。"

"我想跟小动物打交道，但是薪资不高。"

如果对于一件事，你觉得赚钱就做，不赚钱就不做，那只能说明你心里根本不想做这件事。

暂且不说是不是一定要把想做的事变成一份工作。为什么不先尝试一下再做决定呢？比如说想搞农业，那你可以先从"周末农场"或"后院菜园"做着试试看。

一开始就想兼得"喜欢"和"赚钱"确实有点强人所难。因此，我们不妨将工作分为以下三种：

◎ "rice 工作"：为了"面包"、生计而做的工作。

◎ "like 工作"：通过做喜欢的事而获得内心满足的工作。

◎ "life 工作"：有意义的、能唤醒使命感的、值得追求的工作。

那些 20 岁打下工作基础，30 岁、40 岁成家立业后把"rice 工作"放在优先位置的人，不妨在 50 岁后追求自己的"life 工作"。

但是，"我喜欢的事"或者"我爱做的事"，这种概念过于模糊、暧昧，很多时候你会发现，"爱好变成工作后就成了厌恶"，"有些事一做就觉得不适合自己"。

如果只是一厢情愿、叶公好龙的话，任何工作你也坚持不了多长时间，也不会持续下去。反过来说，那些顺其自然开始接触的工作，很有可能你在接触的过程中就会发现它们的价值。

50岁才开始接触的工作，你可以按自己的喜好来选择。如果你的喜好并不强烈，可以优先考虑"对他人有帮助"的工作。

　　在考虑自己擅长或感兴趣的领域时，也可以找一些"对他人有帮助"的工作。此类工作用人需求大，也容易变成"rice 工作"，它可以帮助你解决生计问题，同时让你受到他人的信赖和喜爱，并逐渐变成"like 工作"。你能够从中享受工作的乐趣，不久之后，还会体会到工作的意义和价值，以及自身的使命感，逐渐把自己的工作当成毕生事业去做。

　　如果依靠自身能力，把"对他人有帮助"的工作变成"自己想做"的工作，你会发现工作的意义。因为，没有了"为生计"和"为爱好"的区分，你的时间和精力都可以专注于同一件事情。

　　对很多日本人来说，相对于获得收入或被认可，为社会和他人做贡献的意义更大。他们认为工作就是自己的人生，并为此感到骄傲。

　　因此，即便是在没有职业选择自由的年代，人们也会努力像行家高手一样，把产品做得品质优良，把自己的技艺打磨得高超，用一生的时间去认真对待工作。

也许，社会的复杂让人很难有切实的收获感，因此，越来越多的人想要找回曾经的感受。特别是50岁后，人们"想寻找人生的意义""想为社会做贡献"的想法会愈加强烈。

有些人以前一直在工作，已经有了一定的工作基础，以"给予"而不是"获取"为核心考虑问题，他们的人生齿轮能够顺利地转动。当你抛弃"我想要这个或那个"的欲望，开始"给予这种或那种帮助"时，你在传播自己正能量的同时，也会感到充实和幸福。

"自我优先的活法"并非只考虑自己，而是认真考虑社会和他人的需要，认真思考我们能为社会、为他人做点什么。

50岁后绽放之人是把"他人所需"当作"自己所需"的人。

专注"自己能给予他人"什么，

而非"自己被给予"什么。

08　你是不是觉得晚年靠退休金保证温饱就够了？

——追求内心所想比克制自我更令人愉快

无论以前还是现在，不少人计划"晚年搬到小地方，靠退休金勉强过日子"。最近开始出现"极简生活""最低限度生活"等生活潮流。"小而精"的生活方式和"深山无业者"的新闻也登上了热搜。

我非常赞同按需压缩生活物品数量的行为。这样可以让我们不必浪费时间和精力去管理、收拾或寻找物品。我们的内心也会更加轻盈。

我们可以把生活过得"小而精"，但没必要"压缩"自己的思维方法和生活方式。克制消费，尽可能地不花钱，也可能会影响我们的视野和格局，日常活动和人际关系也会受限，我们会变得只关注各种所谓的"小确幸"。

我从 30 岁开始压缩自己的随身物品，多年来辗转于城市、农村、海外……为了方便活动，生活用品方面我会尽可能减少非必要的东西。不过，为了继续写作，我也想接触各种不同的东西。

无论从事什么工作，在有限的环境和狭窄的社交圈内，自我敏感度都会逐渐下降，思维方式也会变得简单，甚至容易偏听偏信，钻牛角尖。

我生病的时候，曾经觉得无欲无求也挺不错。但是，我的心里还有另一个自己在喃喃自语："别让自己的灵魂也无欲无求了呀！"会出现另一个自己想必是因为内心觉得尚未达到极限，不能就此轻易放弃吧！于是，当我因为某事或某物而情不自禁、不由自主时，还会去打开新世界的大门。即使离开了当前的舒适圈，我依然想跟着自己的感觉走，忠于自己想去奋进、想去冒险的心。

与其把"靠退休金过日子"当作最后的退路，不妨去探索一下自己的极限在哪里，冒险去尝试一些有趣、有意义的事。这难道不更有意思吗？

每个人对幸福都有不同的理解。不过，很多人一过50岁就开始从"针眼儿"里看待幸福，觉得晚年有点"小确幸"就很不错了。比如"有遮风避雨的房子和热腾腾的饭菜就很幸福"，"有家人和朋友陪着就很幸福"，"有自己的兴趣爱好就很不错"。面对工作，他们也认为"只要不累就行"，"在能力范围内做得差不多就可以"，这样可以尽量地避开新事物或剔除麻烦费力的工作。

如果，我们只靠这些"小确幸"就能完全满足，那自然无可厚非。但是，对于五六十岁的人来说，还有很多东西在内心骚动不安。

当你感到"自己还能再做点什么"，就代表你还有成长、发展的空间。如果这时候你还不行动起来，下一次就更不敢轻举妄动了。甚至，若错过这个时机，你还会留下"有心杀贼无力回天"的遗憾。

特别是 50 岁后，想进一步成长、发展的话，我们就要比以往更加有意识地去接触新的信息、新的环境、新的人脉，要在内心掀起一场前所未有的"革命"。

所谓的"小确幸"和追求自我可能性的幸福感是完全不同的。

真正的幸福，在你燃烧了自己的生命之后。更形象的表述，是你一步一个脚印地踏实工作，获得成果的时候；是你切实感到孩子长大了、懂事了的时候；是你跑完漫长的马拉松的时候……这些时候的喜极而泣是因为我们走过了数不尽的崎岖，跨过了不可计数的障碍。

想要获得真正的幸福，我们首先要找到让自己不辞辛苦、不厌其烦的事情，而不是选择逃避困难。

一位五十多岁的女士曾郑重地告诉自己的女儿"别指望我带外孙"，告诉自己的丈夫"你自己的事情自己处理"。然后，她便辞了职，飞到海外做日语教师。

这位女士说，如果不试试自己的能力到底有多大，一定会死不瞑目的。她想用亲身经历为女儿、外孙做个榜样，告诉他们"无论多少岁都能挑战新的人生"。听说在此之后，她的家庭关系比以往更和谐、更亲密了。

五六十岁后，无须去追求什么"小确幸"，也不必把自己的格局和视野局限在某些小范围之内，而要贪婪地去开拓更加广阔的世界。不是吗？

选择热爱之事，而不是逃避困难。

09 你是不是觉得只有天选之人才能靠自己
在社会竞争中存活？
—— 关键不在于技术能力，而在于某种莫名但
切实的"乐观"

　　我之前采访过一些"50岁后找到适合自己的工作并乐在其中的人"和与之相反的人。后者总是将"自己能力不足""如果有资格证和技术能力就不会为工作头疼了"之类的话挂在嘴边。

　　但是所谓的工作，其实并没有那么复杂。

　　那些主动寻找适合自己的工作的人，他们即使没有相应的技术或经验，也总是很乐观、自信地认为自己能做好某些工作。于是，他们在接触新领域的过程中，会逐渐增长新知识，加深对新事物的理解。

　　所谓的"乐观"就是对未来之事抱有一种"我能做到"的积极、豁达的态度。虽然毫无根据，人们却自然而然地

觉得"我能行"。可以说，这种"盲目"的乐观能开拓新的人生蓝图。

我认为"积极、勇敢、乐观的人"有以下三个特征：

（1）不把问题复杂化，带着"兵来将挡水来土掩"的态度，先做再说。

（2）不会自命不凡、逞强好胜，而是专注于自己能胜任的小事。

（3）即使走得不顺利，也会将其当作经验教训，积极面对失败。

换句话说，"乐观"的人不会瞻前顾后，不会纠结未来或过去，而是专注于当下自己能做的事。

法国哲学家阿兰（Alain）① 曾说："悲观主义者会被心情所左右，乐观主义者是靠意志来救赎。"

人，原本就是悲观、脆弱的生物。

我原本也并非什么乐观之人。当初我辞职后单干，作为一个自由职业者，收入不稳定，前途渺茫，得不到社会的认可。曾经的我也笼罩在一片悲观和不安之中。

---

① 埃米尔 - 奥古斯特·沙尔捷（Émile-Auguste Chartier），笔名阿兰，有"现代苏格拉底"的美誉，著有《幸福散论》等。——译者注

没有人给我安排工作，没有人管束我，也让我感到惴惴不安。在这种"自由"的环境里，一旦放任自我，人就可能坠入无底深渊之中。

但是，一旦发现"这个事情我可能会"，"那个问题应该可以解决"，你就能看见一点希望和前景。习惯之后，你会不由得感叹："没有比这更自由、更绝美的世界了！"

人很容易对"未知世界"感到恐惧，却也能很快适应新环境。

刚刚闯入一个新的世界，你会不可避免地感到不安，但是你会很快适应。

最关键、最重要的是学会简单思考。很多事情做得不好，很多路走得不顺，都是因为你将问题想得太复杂了，过于悲观消极，以至于问题还没真正到来，你就已经灰心丧气了。

况且，事情不会一帆风顺也是在我们的预料之中的，再艰难的事情也不会要命。多积累"船到桥头自然直"的经验，我们的内心也会被磨炼得更加大胆、勇敢。

为了保持乐观，我建议你不要制订太远、太大的计划，不妨以一年为单位制订工作计划，带着试试看的心情去实践。

即使我们不知道今后的人生会怎么样，但至少接下来的一年，我们可以积极乐观地制订一个大致的年计划。当然，这种年计划因人而异。我们可以优化一下现在的工作，也可以跳槽转岗，还能挑战一下以前就感兴趣的工作，等等。一开始不要抱太大期望，用"看起来挺有趣的，不妨试试看"的轻松心态去尝试一下。

四五十岁后，自己会什么、不会什么，你心里已有了大致的了解。不过，仅凭会与不会不一定能找到适合自己的、有价值、有意义的工作。

时代环境瞬息万变，偶然的相逢也会带来重大的影响。所以在某个时刻，选择"现在就去做这件事"会更好。

一些让你产生"我也能行"的感觉的小事也隐藏着巨大的可能性。我们不妨以乐观、积极的心态，精心培育和守护这些小事的"嫩芽"。

积累"只要尝试就能成功"的小事，

能培养莫名但切实的"乐观"。

10 你是不是觉得为了生计连讨厌的工作也得去做？

——没有时间做"厌烦的事"和"不擅长的事"

我常听 50 岁以上的人朝我这样诉苦："只有生活中有富余时间和精力的人才能做自己想做的事，大多数人为了生计连讨厌的工作也不得不去做。"这是他们的现实，也是他们的实际感受。

但是，如果俯瞰人生，想要珍惜短暂时光的话，我们并没有多余的时间和精力消耗在厌烦的或不擅长的事情上。

假如你的生命只剩下一年的时间，你会怎样度过呢？

我一直认为后半生是可以"像玩游戏一样去工作的"。换句话说，就是跟着自己的"好奇心"，做想做的事。

如果有个工作，你做起来很享受，甚至觉得它有趣极了，那么这种让人由衷地感到愉悦的工作本身就是无与伦比的"回报"。

不过，工作之所以被称为工作，是因为工作成果被人需要，被人认可。真正的好工作并不只是那些令人兴奋激动的、受众范围很小的特定工作，而是令人感到愉悦、对人有用的，并能让人找到自己的角色定位的工作。

幸运的是，在工作中，我们可以被安排在合适的岗位，可以被他人指导，建立自己的人际关系。但是，50岁后，包括体力在内的很多东西都会逐渐减退。到了这个阶段，能让自己积极主动地打好事业基础，形成系统、完备的工作履历的，正是自己的"好奇心"和"角色定位"。

如果有人很欣赏你的工作态度，肯定你迄今为止的工作表现，你的角色定位就会逐渐清晰起来。

否则，你可以仔细看看自己下个阶段的计划，从一开始就跟着自己"想了解""想见识见识""想做做看"的好奇心去行动即可。

在实践和行动中，你会逐渐发现自己可以满足别人的一些需求，并逐步找到自己的角色定位。

同样，也有一些人，他们抱着"为别人贡献力量"和"帮助别人"的想法开始工作。这其实也是因为"好奇心"创造了人与人之间来往的机会。这些人在帮助别人开展工作的同时，也会主动去学习新知识，想要为别人提供更好的东西。他们的好奇心也因此而越发强烈。

怀有好奇心的人，对未知事物总有着强烈的探究欲望，并且不会感到厌烦。他们甚至不觉得自己是在努力。在谦虚好学和全神贯注的过程中，他们会自然而然地积蓄起各种不同的知识和力量。这些知识和力量会内化为资源，在下一次工作时派上用场。

除了工作，有着浓厚好奇心的人还常常因为博闻强识、经验丰富而与更多的人产生共鸣，并能与他人相互学习，建立起更加广泛的人际关系。

我辞职已近二十年，真真切切地感受到好奇心和角色定位缺一不可，无论其中哪个缺席，我一年都坚持不下来，更遑论十年、二十年了。

写作再怎么有意思，如果只当作兴趣爱好，而没有截稿日期的话，我是坚持不了多久的。不过，即便是接到写作的邀约，如果我对主题完全不感兴趣的话，也没什么落笔的动力，自然也没什么信心能把工作做好。

在这个充满好奇心的世界里，有等待我们的人，也有帮助我们的人。我们会尽力回应他们的期待。同时，在好奇心的驱使下，我们也想要获取更多的知识和智慧。好奇心和合适的"角色定位"推动着我，滋养着我走到现在。这也是我将近二十年的真切感受。

曾经有这样一句话：像你会永生一样去学习，像你明天就会死去一样生活。人生路上，比任何事情都重要、都应放在首位的是"用尽全身力气去生活"。不要保守，贪图安稳；不要敷衍，破罐子破摔。我们要积极地活在当下，尽情地跟随自己的好奇心，去找准自己的角色定位。

善用好奇心，提高人生满意度。

第二章

50 岁后走上坡路的人、走下坡路的人

11　想从 50 岁开始走自己的路，需要具备三个条件

——即使是普通人也没关系

"50 岁后绽放之人"只会心无旁骛地走自己的路，不会去和他人比较，不会去争强好胜。

这条路不一定是成功之路。

这条路也不一定是正确之路。

然而，在这条路上，人们能找到让自己为之兴奋雀跃的事，让自己全身心投入其中的事。这是一条真正属于自己的路。人们感到有趣的并非只有到达目的地，前往目的地的过程中也充满了乐趣。因此，这条路能让他们乐此不疲地鼓起勇气往前走，让他们收获成长。

50 岁开始，在工作上走自己的路的人，总的来说，具备以下三个条件：

（1）做自己想做的事。

（2）充分发挥自己的专长（强项）。

（3）被社会需要，为社会做出贡献。

简而言之，他们从事的工作是自己"想做的事"，是自己"擅长的事"，是自己"被需要的事"。

这三个条件相辅相成："因为做着想做的事，所以越做越好"，"因为做得好，所以被认可"，"因为被认可，所以更想做，做得更好"。这三个条件互为因果，相得益彰。

反过来说，三个条件哪怕少一个，这条路都谈不上是"自己的路"，甚至会变成一条"荆棘之路"。比如，一个人到了 50 岁，又是磨炼技艺又是推销自己，摩拳擦掌，跃跃欲试，准备"靠自己最热爱的音乐吃饭"。可是，如果一直没有人向他伸出"音乐需求"的橄榄枝，那么做音乐根本称不上是一种工作。

现在，像农业、护理等行业，人员短缺，社会需求量大，工作机会多。但如果不适合自己，或是你觉得做起来很辛苦，那这样的工作你也坚持不了多长时间。

50 岁后，我们也没有多少时间可以停滞不前了。因此，要尽快地找到满足上述三个条件的工作。也就是说，满足上述三个条件的路，才是能让我们轻松收获成长且丝毫不浪费时间、精力的捷径。

可能在某个领域，你最初只是比外行懂得多一点点。在从事相关工作的过程中，你渐渐受到他人的认可并主动地去磨炼技能。最终，你在这个领域做到了专家的水平。

我身边那些50岁后依然闪闪发光的人都能满足上述三个条件。他们原先并非天赋异禀，也并非头悬梁锥刺股的拼命三郎。但是，他们找到了自己的角色定位。这些人常常获得周围人的认可和赞赏，比如，"有你在，真帮大忙了"，"这个工作，也只有你能拿下"。他们在自己的领域成了不可忽视的存在。

值得注意的是，正因为被他人需要，与他人搭伙协作，你才能真正地开拓出自己的天地。

如果你是森林中的一棵树，那么你只有与森林中的动植物相互提供营养才能真正开花结果。所谓"成人达己"，只有成为大家的力量，才能让自己闪闪发光。因此，满足上述三个条件的关键就是找到自己的"角色定位"——做出贡献，与他人协作配合。

如果你想找到自己的角色定位，想不断成长，想发挥自身潜能,那么你首先要从了解"自己是什么样的人"开始。

现在开始其实并不晚,尤其那些常常围着工作或家人忙碌的人,很有必要来一场理性的"寻找自我"的旅程。

"走自己的路"

就是找到自己的角色定位。

12　决心从 50 岁开始真正地活出自我

——是时候不再迎合他人了

拥有"无悔人生"，最重要的是"坦然地活出自我"。

也许有人为了生活一直在迎合别人，做大家眼中的"老好人"。但是，已经到了知天命的年龄，我们大可不必如此勉强自己。

那就从 50 岁开始"坦然地活出自我"吧！

除了幸福感、满足感等精神层面上要活出自我，在工作事业上、人生"战略规划"上，我们也需要拥有"自己的人生"。因为，如果不是纯粹地"想做某个工作"，那么你根本坚持不了多长时间。

50 岁后，单靠责任或义务是无法长期走下去的。

早上醒来，你要问问自己：是去做喜欢的事，还是去做讨厌的但不得不做的事。两者给你的刺激和动力是完全不同的。

如果你认为某件事是自己选的，而且是自己真正想要做的，你就会努力把它变成一份工作。对待工作中的问题，你也决不敷衍妥协，能毫无压力、轻轻松松地完成。如果不是你真心想做的工作，一旦碰壁或遇到瓶颈，你很快就会打退堂鼓。

现在有很多人，不管多大年纪，还是搞不清楚自己到底想做什么，只能彷徨、迷茫。他们虽然对自己现在的工作并无不满，但依然觉得还有别的事情自己能做，内心还有蛰伏已久的骚动不安和跃跃欲试。

"想做的事"的概念是非常模糊、暧昧的。在你还未行动之前，它只能算是"想做做看的事"。只有你行动起来，在做得得心应手并体会到其意义和价值时，它才会真正转变成"想做的事"。

新领域的工作不可能是一帆风顺的。如果你碰到"想尝试的事""看起来很有意思也想试试看的事"，不妨抱着"做实验"的态度，不带任何包袱地亲自试试看。比如，你可以把某个工作当作副业、兼职或周末体验等。尝试的方法多种多样。

上了年纪后，突然重新找工作或是辞职单干，很多人往往为了避免遭遇失败而给自己施加压力，但不如试着放松心态，带着试试看的态度去接触新领域、新事物。

如果在尝试的过程中，你突然发现自己和新事物的"齿轮"发出了清脆的咬合音，那就说明你们之间的关系开始顺利"运转"了。这一点其实与之前聊过的"想做的事""擅长的事""被需要的事"是一致的。"顺利咬合之后"，就会产生令你意想不到的巨大成果，你或许会因此受到史无前例的认可。

其实，我也尝试过不少工作，但是转了一圈后发现，自己能坚持下来的是从孩提时起就热衷的事、自己总是沉迷不已的事，以及获得别人表扬的事。这些其实和"想做的事""擅长的事""被需要的事"并没有什么区别。

在前半生拼尽全力冲刺的人，可以在知天命的年龄稍微停顿一下，找时间问问自己：

"我到底想要什么？"

"我想度过什么样的人生？"

"我想要什么样的工作？"

"我想在什么地方做出自己的贡献？"

即使你找不到答案，即使答案无法实现，你也不妨去倾听一下自己内心深处的真实想法。因为在不经意间，你可能会发现，"原来自己想要的那个东西"，或者"自己真正想做的事"，在不知不觉间已经如愿以偿了。

对自己坦诚，我们就应该在日常生活的小事上正视自己的真实感情。只要我们跟随内心深处的好奇、喜欢、兴奋、快乐、享受等正面情感，听从自己内心深处的感受，就自然会朝着自己想去的地方奔跑。因为感情和情绪能让我们了解什么能给我们带来幸福，什么能让我们一帆风顺。

如果前进的路上你还带有厌恶、痛苦、棘手、倦怠、无聊等负面情绪的话，说明你在"加油"的同时也"踩着刹车踏板"，那么你的路绝对不会走得顺利。记得要对自己诚实，要放下应该放下的，拒绝应该拒绝的。

"别人是别人，我是我"，朝着自己的目标前进吧！对自己坦诚看似孤独无助，但当你尝试自力更生时，你会获得真正的安全感，仿佛整个宇宙就在自己身旁。

要找到自己想做的事，

无须犹豫，大胆前进。

13　50岁后才更要胸怀大志

　　——全身心地活在当下，活出自我

　　提到"抱负""梦想""希望"等几个词语，人们往往会想到年轻人。

　　一项针对四五十岁男性的网络调查发现，在他们想要实现的梦想中，"培养爱好"和"成为有钱人"（获得资产）二者占比 50% 左右，然后是"减肥""买房"，"创业"和"事业成功"大约占比 10%。

　　到了这个年龄段，大多数人对工作不再抱太多希望，这也无可厚非。进入知天命的人生阶段，人们基本上一眼就能看见工作的尽头。所以，他们自然而然地摆出保守防御的姿态。这个年龄段的女性也逐渐放下工作，更侧重"兴趣""金钱""家人"等，变得更务实，开始谋求自身的幸福。

　　但是，正因为我们到了 50 岁，才更应该胸怀大志。

人的所见所闻，无论好坏，都会对自己产生影响。虽说赚钱、减肥等梦想很重要，但假如拥有"想尝试某种挑战""想做出相当的社会贡献"等大梦想，那么你眼中完全是另一种风景。

但是，我不是要大家去追逐无法实现的梦想。到了这个年纪，我们已经没有什么力气去承受巨大的失败，踏上布满荆棘的崎岖之路了。

我们了解自己。了解自己能做什么，不能做什么，也或多或少地熟知世界的游戏规则，并建立了一定的人脉关系。与那种无头苍蝇般盲目抓瞎的年轻之时相比，现在的我们不再浪费时间和精力，能按照自己的节奏实现心中的抱负。

"走自己的路"也意味着接下来的人生才是正式考验。

我刚刚开始写作的那段时间，曾经拜访过一位自己很崇拜的老师。

那位老师 55 岁开始写书，当时已经年过古稀。我来到他的事务所，惊讶地看见书架上摆着一排著作，约有200 本。那种震撼我现在还记忆犹新，原来还有如此超凡卓越的人啊！

老师面带微笑地朝我说道："我 55 岁辞职时，也有其他公司向我邀约，请我做董事。但那时候我已经决定 50 岁后要去写作。如果那个时候我当了董事，赚钱可能会更容易。但是每次看见自己书架上的书，我就觉得现在这条路也不错。"

老师讲话时谦虚克制，但在我看来却闪耀着夺目的光芒。虽然我也想成为老师这样的作家，但是心里很清楚自己实力不够。

我突然想到：如果老师能用二十年写 200 本书，那我花个四十年，也不是不可能达到老师的水平吧？

从那一瞬间开始，以往的焦虑和不自信烟消云散，而下一个瞬间，我开始考虑的是：我要怎么做才能写完 200 本书。彼时的我已经摩拳擦掌，跃跃欲试了。

那位老师在 80 岁的时候创办了出版社。如今，九十多岁的他在担任社长的同时，也作为一名作家活跃在文坛一线。

所谓的"抱负""梦想""希望"等并非必须要勉强自己，甚至遍体鳞伤去实现的。没有这些东西我们也能活下去。人生的目标又不止工作和事业。

然而，我希望的是：当某个遥远的念头击中你的心灵时，千万不要让它被"上年纪了，搞不动了""现在说已经为时已晚了"之类的惋惜之语埋葬而消失。

因为，有梦想的每一天都是快乐的。梦想可以成为自己的后盾和铠甲。我们真正的目标并不是在"未来"到达计划的终点站，而是全身心地享受当下，活出自我。

要了解自己想变成什么，想要什么，就相当于在旅行前暂时确定一个较远的目的地，等上路了，我们也可以改变目的地。假如不暂时确定一个目的地，我们只会不由自主地来回徘徊、彷徨，追随他人的脚步。如果所做之事不符合自己内心的追求，我们的前行之路就会变得异常艰难。如此，我们只会劳心费神，白白浪费金钱和时间。

一个人在焦虑不安、孤独无助时，最容易做出错误的判断。

一个人用十年到二十年的时间，肯定能成就大事。除了工作和事业，我们还能参与志愿者活动、公共服务或是丰富自己的兴趣爱好。我们最好能有一个大志向、大抱负。

全力追寻自己的梦想，

获得真正的满足感。

14 化"顺势"为契机

——明天，人生也许会大变样

与那些 50 岁后活跃在自己的领域、成绩斐然的人聊天时，我发现他们常常会说自己现在的成绩大部分都是自然而然的结果，或是将其归功于运气好。

"就是偶然碰到个贵人，对方伸出了橄榄枝，自己也就顺势做了这个工作。"

"客户那边有个类似的需求，我个人承包了项目，做着做着就自立门户了。"

"父母的公司嘛，只好接管下来，拼命打个翻身仗吧。"

他们中很少有人是"定个目标，按计划一点点地做出现在的成绩的"。相反，大部分人都是"顺势而为，因势利导，不知不觉间取得了现在的成就"。

另外，"顺势"有时可能意味着事情朝着反方向发展。比如，"在公司有纠纷的困扰，就顺势辞职了"，"顺势买了公寓，结果投资失败了"，"继承遗产后顺势创业，但没有成功"，等等。

其实，人生中的大部分事情都是"顺势"的结果，并非人力可控的。所以说"自然发生""顺势而为"，该发生的终会发生。很多时候，那些"顺势而为"的人走得相当顺利是因为他们拥有某种实力或特质。比如，"之所以收到橄榄枝是因为某个人有实力"，"之所以事情顺利完成是因为有某个人在"。这就是所谓的"天时地利人和"吧。周围人的需求与恰当的时机等各种各样的因素碰巧聚合在了一起，形成了能让我们发挥自身潜力的"场"。

反过来说，如果你"顺势而为"却走得不顺利，那么就是缺少某些要素。

我不会去计划将来的事。别说明年，就连明天，人生都可能出现翻天覆地的变化。

我曾经在旅行途中碰到一位出版社的社长，几年后他的出版社竟然出版了我的处女作；在餐厅与邻座的老妇人相谈甚欢，她居然同意租给我房子。我也是这样"顺势而为"，反而觉得"未知的结果"别有一番乐趣。

就像跟团旅行一样，去的地方和日程全部被安排好了，旅游的目的反而变成了完成旅行计划。旅行变了味儿，也会让人兴味索然。

即便事先已经确定了目的地，途中听说了什么有趣的地方，你也不妨去瞧瞧；如果有人邀请你一起去，就顺势与其同行。等回过神来你会发现，自己已经离目的地很近了。当一个人运气爆棚时，无论他做什么事情，都像被看不见的神之手牵引着一般，非常顺利。

化"顺势"为契机的人具有以下三个特点：

（1）具备某些专业性，却不会说大话。

（2）做任何事情都有大致的目标。

（3）执念少，灵活思考，行动力强。

那些不怎么计划未来的人，在做事方面也有自己的想法。因为他们有自己的主张，所以在与周围人配合协作的过程中，能够不断适应身边的变化。

我有一位年龄过了 55 岁从美国搬到日本鹿儿岛的朋友。她在美国的得克萨斯州生活三十多年，学习了与马的沟通技能，还开设过关于马术的研学会。她发现从日本渡洋来得克萨斯州学习关于马的知识的人越来越多，便来到日本发展自己的事业。到日本后，她买了两匹马。偶然间，她又发现了山里一栋独门独户的房子，还有附近果树种植园的空地。于是，她就在这里开始了亲子马术的研学活动。

经过一两年的努力，日本各地的邀约纷至沓来。有的愿意免费转让骑马俱乐部，希望她来接手；有的想请她帮忙调教家里的马……

有人开出非常不错的条件，但因为跟自己的期待不符，她断然拒绝。后来她应邀来到冲绳，在那里找到一个能看见大海的安静场所，还遇见了志趣相投的赞助商，于是就搬了过去。她说："我终于发现所做的事有价值。"

正因为所做的事有价值，才会被人发现，被人期待，也由此形成了"顺势而为"或"幸运"的良性循环。

让别人带着你走向目的地。

15 以"稻草富翁战略"开启事业

——把现有价值当作原始资本

很多重新找工作或自己创业的人在开始接触新工作时，都是摸着石头过河，万事从头开始。其中，不少人走得并不顺利。

特别是五六十岁之后，如果想要和年轻人站在同一起跑线上，像新人一样从零开始，既会让身边之人感到困惑，前行之路也是荆棘遍布。

这也是我多次重复过的，中老年人最好从自己现有的资源出发，考虑一些自己能做并做得好的事情。

把自己的现有价值当作原始资本，然后，创造出新的价值和新的资本，我把这称为"稻草富翁战略"。这个战略讲的是一个人把绑着牛虻的稻草卖给逗孩子的母亲换来橘子，把橘子卖给饱受干渴之苦的商人换来丝绢布匹，然后用布匹换来骏马，后来把骏马卖给想骑马旅行的富豪换来大宅子，最后变成了大富翁。

频繁换工作的人做什么都得心应手的诀窍，在于他能巧妙地使用这个战略。

一位50岁的男士在食品公司工作期间，顺利承包了客户的咨询业务，最后自立门户。几年后他又成立了商品企划公司。他从一个食品公司员工做到咨询顾问，最后成为一位商品企划公司的老板。

还有一位60岁的女士，她原先在旅馆工作时曾建议旅馆建立自己的画廊。于是，旅馆老板任命她负责该项目。后来，她在艺术上的造诣更加精深，还收到了其他酒店请她做策展人的邀约，最后创立了自己的画廊。她从一位旅店员工做到策展人，最后成为一位画廊经营者。

虽然我觉得"稻草富翁战略"多少有点荒诞，但我也是从衣品讲师到摄影师，再到资讯杂志编辑，然后成了自由写作者，最后成了一名出版人。也就是说，我也是以自身既有的能力为基础，逐渐掌握了其他技术、技能，兜兜转转走到现在的。

我们在做主要工作的同时，也磨炼着一些附加技能。在实践的过程中，我们能发现一些有前景的领域或项目，这对我们之后的工作也有帮助。

重要的是，我们要意识到"工作的价值是由客户决定的"。因此，有的工作虽然在我们看来没有意义，但在客户眼中却很有价值；有的工作我们虽然投入了不少精力，却很难靠它生活，因为没有市场和客户。

"稻草富翁战略"主要有以下三点诀窍：

（1）最初的资本是一根微不足道的"稻草"也没关系。

（2）首先在"现在的岗位"积累经验。

（3）表现持续超出对方期待，就算只有1%也好。

一开始，我们需利用一些小技能或抓住一些小契机，在有市场需求的地方积极地促成原始资本的"开花""结果"；然后，随着我们不断积累经验，也就不断有客户出现；随后，我们的表现要持续超出对方期待，哪怕超1%也可以。这个过程需要不断地重复。

我很尊敬的一位"稻草富翁"是柳濑嵩先生，他是风靡日本的《面包超人》的作者。第二次世界大战结束后，他曾在一家垃圾回收公司上班，偶然捡到的一册漫画书让他重拾了儿时做漫画家的梦想。后来，他又从高知县一家报社的记者跳槽到三越百货的平面设计师，同时兼职做漫画家。34岁时，画漫画的收入超过了工资，他就辞职自立门户了。但是由于画漫画的收入不稳定，他还辗转做过广播作家、词人和舞台装置制作人等。

他在PHP杂志[1]连载《面包超人》的时候已经50岁了。《面包超人》被改编成动画片时，他已有69岁高龄。他说过的一番话成了我的人生指南针："最后，我才明白，原来最让人快乐的是给别人带来快乐。这是个再简单不过的道理了。给他人带来快乐是人生最大的快乐。"

我想，柳濑嵩先生是一位总在思考"他人的需求"的人。

因此，只有心怀他人的人才会受到社会的期待，收获他人的信赖，而这与他的职业和所在的行业都没有太大的关系。柳濑嵩先生94岁辞世前依然不厌其烦地接受新的挑战，回应每一个热情的期待。

"稻草富翁"总是

回应每一种期待和需求。

---

[1] 由松下电器创始人松下幸之助创设的PHP研究所旗下的月刊杂志。——译者注

16 提前准备好后路

——避免重大挫折，上好心灵保险

曾经有人告诉我，有后路的人就是还未开始做就先投降的人。想好好挑战就得斩断后路。

我以前也亲手斩断过自己的后路。那时候，我觉得如果自己的处女作卖不出去，就再也不写书了，反正以前给杂志社写稿子，做几个兼职，生活清贫但也勉强过得去，因此也不想给自己留后路。我觉得就算书卖不出去，靠给杂志投稿或打工过日子也不是不行。那时候，我心中涌出了前所未有的力量。

"斩断后路，无路可逃"只有在面临"这就是最后的机会了"时才会发挥作用。但如果一直处于这种状态，真的会让人很痛苦。

尤其是 50 岁后，我认为"最好准备好后路"。因为，我们要对自己的人生负责。

以前，因为没有提前准备好后路而沦落到悲惨境地的大有人在。

我有一位朋友，他把自己的房产做抵押，以筹集资金开店。突遭新冠疫情暴发，他的店里门可罗雀，冷冷清清，一直没有客人光顾。这种状况下，他还是犹犹豫豫没有当机立断，以致现在背了庞大的债务。

另一位退休后再就业的朋友，他饱受职场复杂人际关系的困扰，甚至精神上已经有点崩溃。我就告诉他："实在受不了的话，还有辞职这条路的。"因为，我也曾经在一家黑心公司工作过，私下也想过"大不了自己明天就辞职走人"，这种心理暗示让我避免了精神崩溃。但是，这位朋友却顽固地说："那可不行，这个工作是朋友好不容易介绍的，辞职后我怕找不到其他工作。"半年后，他的心理问题越来越严重，甚至到了去精神科门诊看病的地步。没过多久，他还是辞职了。

很多人为了家人、生计打拼到现在，并没有提前准备好后路，工作再辛苦也都忍耐下来了。他们甚至把辞职视为罪恶或羞耻之事，总觉得现在辞职为时已晚，一旦辞职自己根本活不下去。

但是，如果真的对自己的人生负责，你最好能提前准备好后路，以免陷入未知的灾难。这样，无论发生什么事情，你都能生存下来。我们已经为家人和公司打拼了大半辈子，没必要在后半生继续咬牙做辛苦的工作。

提前准备好后路可以避免最糟糕的状况。一想到"再怎么糟糕，我还有这条路"，就能给心灵上好安全保险，就能努力克服困难，全身心地投入到具有挑战性的新工作。

刚开始创业或自立门户时，我们可以尽量地白手起家或选择小成本经营。如果非要启用大量资金的话，就要事先定好上限。比如，"如果月收入跌破多少钱就打住"，"一年时间没什么苗头就放弃"，等等，做到及时止损。如果备有"失败后可以从头再来"的策略，我们也可以放宽心态，经营好自己的新工作。

五六十岁再就业的人，其未来的路也不甚明朗。所以，我们不妨以一年为单位去挑战新领域，而且一想到"就算放弃我还有后路"，我们身上的负担也会减轻不少，也有底气去迈出新的步伐。

很多人常常把"别的也不在行"挂在嘴边。但是，"尺有所短，寸有所长"。就算真的一窍不通，我们也可以去一些人才缺口大的行业做兼职，可以边领失业金边学习技术、技能，作为进入另一个阶段的应急手段。

比起后路来说，我特别热衷于"妄想"多种选择。比如，"走摄影师的路"，"在乡下以物易物过日子"，"去海外教授日本义化知识"，等等。这些我都有经验，条件上也并不是不可能。"经营民宿""招待员""占卜师"等工作，我虽然没有经验，但是也很想尝试一下这些以沟通、交流为主的工作。于我而言，只要有饭吃，有地方睡觉，一切都不是不可能的。

但是，这些总归是"妄想"，我从未真正使用过后路。后路始终是面临危机时的保险，不可能轻易就用得上。

提前准备好后路可以让我们轻装上阵，勇敢面对挑战。

17 考虑自己的"下一张牌"和"引退时机"

——不再执着于地位和立场

四五十岁后，很多人开始考虑"我的工作应该做到什么时候"，也就是开始考虑自己的引退时机了。

一些歌手和演员在自己演艺事业巅峰期和人气顶峰时选择引退。人们虽然扼腕叹息，却能从中感觉到某种"急流勇退"之美。还有些六十多岁依然活跃在一线的搞笑艺人，他们坦言："哪怕只有一个人听我的段子，我也会继续走下去。"无论是巅峰引退之人，还是耄耋之年依然活跃在工作一线的人，都拥有自身独特的魅力。因为他们将自己视为"商品"，所以不得不去关注自己的"商品价值"，以及自己是否受大众欢迎。

如今的演员、艺人也不再将自己局限于娱乐圈。他们也会去留学，去做制片人，去写书，去参加各种社会活动，等等。他们或是暂停自己的事业，或是参与不同领域的活动。这些走自己的路的人也同样受人关注。

一般来说，公司员工的引退时机各有不同。虽说有"退休"一说，但是有的人"退休前已经找到自己想做的事"，有的人"要等到退休后再做自己喜欢的事"，有的人"如果公司里有自己能做的事，还想继续留下来工作"。这些计划并没有对错之分。

不过，即使还没有退休的人也最好有意识地关注自己的"商品价值"和影响力。

四五十岁的人常年在同一岗位做同一项工作不免会出现怠惰感，也不时会产生"我一直待在这家公司究竟好不好""我会不会被公司当作累赘"等念头。特别是按照职务退休制度①的要求，50岁后，人们可能被迫离开管理岗位。然而，如今退休年龄延迟，可能还有人要继续工作十年、二十年。当然，这是一个社会结构性的大课题。

鉴于这些问题，我们有必要考虑一下自己的"下一张

① 职务退休制度是指职务人员达到一定年龄后就离开管理职位调至专门职务的制度。调整后，其薪资会较之前降低不少。这种制度可以促进人事的新陈代谢，在活化组织、培养年轻人、提高公司动力的同时，也有在年功序列制的基础上抑制人事成本的作用。——译者注

牌"和"引退时机"。

我有一位朋友，她原先在室内装修设计咨询师协会担任会长，已在建筑设计界获得了客户的绝对信赖。从大型公寓的样板房、医院，到个人住房，等等，她在当地的业务范围非常广。然而，55岁左右，她却开始思考自己是不是应该继续活跃在这个领域。最后，她选择了引退。包括她个人的与室内设计相关的工作，她都撇得干干净净，完全抽身而出。后来，因东日本大地震，她开始正式做慈善商店相关的工作，主要经营再回收利用的衣服。她说："如果我们这把年纪的人占着室内设计的市场，那年轻人哪里有机会去深入接触这一领域呢？买公寓和住宅楼的还是年轻人居多，这个工作还得年轻人来做。"

实际上，据一位三十多岁从事室内设计的年轻咨询师说，他所去过的其他地市，室内装修设计市场的订单几乎全部被50岁以上的老手垄断了。

这位朋友常说："在公司，没有什么工作是非你不可的。但是如果你离开公司，有些工作还真的是非你不可。"

我感觉，除了审视自己，我们还要有俯瞰全局的视角。

四五十岁的人在工作上已经取得一定成绩，建立了相应的人脉关系网，在各种事情上也积累了不少经验，对问题也有了不同的看法和主张。所以，他们长期在同一岗位上，工作起来也很得心应手。

但是，如果一个人对某个岗位或某个公司怀有执念，他的视野就会变得狭小，很难注意到自己与周围人的分歧或距离。在社会各界，这样的人简直多得数不胜数。

特别是男性，可以早些想想"自己能为社会做出什么贡献"。

50岁后活跃在个人领域、成果频出的女性之所以如此引人瞩目，不仅是因为她们有着柔韧灵活的思维，当走入婚姻或育儿的围城，被迫离开公司时，她们也会静下心来想想"我能做什么"，并为之付诸行动。

50岁后活跃在个人领域的人，他们在公司时就已经考虑过"自己能为社会、为他人做些什么贡献"。为了大局，他们可进可退。正因如此，他们受到公司内外的青睐，即使自己创业，也会走得比较顺利。

一位男性管理者曾说过，自己的工作就是去创造让人熠熠生辉的舞台。因为有这样的领导，他的员工也会获得巨大进步。

无论身在何处，能找准自己角色定位的人真的了不起。如今的时代已经是一个创造自我的时代了。

纠结过去只会失去未来。

18　重拾"自主性"的工作
——掌握开动脑筋、独立思考的能力

现在，日本几家大企业已经开始建立"个人事业主"制度。这一制度是指公司与一部分正式员工签订业务委托合同，让他们独立进行个人事业。目前，业界对此制度褒贬不一。不过我认为这项制度能有效促进大家去思考何谓"在工作时发挥自主性（自行思考和行动）"。从这个意义上来说，"个人事业主"制度确实有一石激起千层浪的效果。

既然一个人是公司员工，他说话做事就要按照公司的逻辑和规矩来，即使上司命令他"带着自主性工作"，这种"自主性"也不会有多"自主"。因为公司有条条框框的限制和束缚。

实际上，公司更注重的并非员工的自主性，而是"协同配合"。如果员工全都是自主意识过强的人，常常质疑

公司的决策，反驳他人的观点，反而会引起不得了的大麻烦。一个人在公司待久了，就学会了察言观色、审时度势，锻炼出了完成任务所必需的"协调性能力"。但与此同时，他的自主性能力（提出疑问、解决问题的方法）可能会逐步退化，甚至他连"退化"都意识不到也未可知。

我可以毫不夸张地说："50岁后，我们必须依靠'自主性能力'去开拓新的人生。"具备这种能力的人会清楚自己下一个阶段应该做什么，如何才能实现，然后付诸实践。而没有这种能力的人总是依靠别人为自己提供工作机会，而且特别在意他人或世俗的眼光。这些人在奋进的路上很可能会碰壁受挫。

人到了四五十岁，想重拾自主性的念头会越来越强烈。

当心中涌出"我想更多地展现自己""我想自由地做事"等念头时，我们在工作的同时也不要忘记去独自建立起能凸显个性、主体性的"场"。

在公司内部重拾自主性有以下几种方法：

（1）做谁也没有做过的事。

四五十岁的老员工，已做到一定职位，在一些事情上会拥有更多的决定权。瞄准"公司或部门内谁也没有做过的事（疏漏）"，其成功的概率高，做事的自主性也会大大增强。

我有一位从银行职员转岗到果蔬行业工作的朋友。他原先就对"食"非常有兴趣，甚至还考取了蔬菜评鉴师资格证。他总是兴高采烈地飞往日本各地的蔬菜农家，介绍这些农家与知名餐厅合作，做着自己以前从来没做过的事。他说公司出钱让他自由自在地做自己想做的事，人生快事莫过于此。因为他给公司带来了很大利益，所以这等"快事"才得以实现。

也就是说，我们可以从公司认为"棘手的地方（弱点或疏漏）"和"以后有需要的地方（未来）"来找到"自己想做的、能做的事"。

（2）将你所做之事到公司以外的其他地方尝试一下。

自主性强的人可以尝试在公司外部做一些同类的工作，看看依靠技能、知识自己能走到哪一步，看看如果离开公司自己还有多大潜力。这并不是没有意义的。趁着不在公司，我们有机会去认真思考如何才能提升自我价值，如何才能维护住自己的客户，等等。

（3）不指望公司内部的自主性工作，寻找其他工作。

如果你在公司难以发挥自主性，不妨利用兼职或副业锻炼一下自己。除了自己感兴趣的事情，你也可以尝试一些对社会有贡献的活动，比如做志愿者教孩子们知识，参加一些慈善活动，等等。

我有一位朋友说，他上班就是为了赚钱养家。他每个月还去俱乐部做两三次DJ。虽然这事与赚钱养家没关系，但可以帮助他疏解压力，让他能勉强坚持自己不喜欢的工作。所以，他很轻松地说："我退休后或许会有办法改变现状。"

多角度看问题才能找到自己能做的事，锻炼出解决问题的"自主性能力"。

不过，身处公司，过多的自主性反而会给自己惹上麻烦。有些毫无主见、随大溜的人会过得更快活。但我想，为发挥自主性而不断挣扎苦恼、寻找希望的过程并不是没有意义的。

自主性可以通过"用武之地"

和"角色定位"锻炼出来。

19　做想做的事，也会带来稳定的收入

——成长的同时，也能获得 +α 的收入

报刊专栏作家马尔科姆·格拉德威尔（Malcolm Gladwell）在他的著作《异类：不一样的成功启示录》（*Outliers: The Story of Success*）中提出了"10000 小时定律"，该定律成为人们热议的话题。这一定律指出，人们不管做什么事情，只要能坚持 10000 个小时，基本上都可以成为其所在领域的专家。

10000 个小时相当于每周工作五天，每天坚持 8 个小时，大约要花上四年零九个月的时间。

换句话说，一个事情做五年，你基本上就能成为该领域的专家。这也是我这些年做过各种工作后的切实感受。然而，即便不受公司约束，如果所做的事情不符合自己的口味，可能你也无法坚持五年。

比如说我能坚持写作，坚持摄影，但是像一些教学、

销售、行政类的工作，虽然说坚持五年就能成为专家，但由于这些工作不对自己的路子，做不了几年我也会辞职。也就是说，能让我们坚持五年的工作，一定具有以下特点：符合自己脾性，有市场，有意义，能让自己全身心投入其中，能让自己在屡败屡战中不断收获成长。

伴随个人的成长，额外的收入也会增加。

我觉得"10000小时定律"有以下几个特点：

（1）坚持10000小时，如果你不感兴趣或没有好奇心的话是做不到的。

（2）即使是想做的事，如果不亲自尝试一下，你也无法知道自己能不能坚持下去。

（3）全身心地投入10000小时在同一个工作上，谁都能成为专家。

（4）只听别人传授理论知识是不够的，不反复尝试就无法真正地磨炼自己的技能。

（5）有想做的事，就尝试着把它转化为工作事业。

简而言之，能让自己做10000小时的工作，很可能是让自己变成业界高手，同时很赚钱的好工作。

要赚钱，无非是要么重"量"，要么提"质"。但是首先要有绝对的"量"的积累，才能有"质"的飞跃。

正因如此，选择什么工作尤为重要。

我认识的一个人，他辞职后独自开了一家点心店，创造出了很有人气的产品，积累了一生财富。但是，他在此之前已经做了几十种实验品。废寝忘食地不断尝试才让他有了现在的成功。我虽然还没达到他的境界，但当初上班的时候，我周末几乎都在做摄影师副业。如果我做得不开心，也不至于牺牲周六日去搞拍摄。

我认为一个人在全身心地反复尝试的过程中会逐渐弄清楚市场的需求，在回应这些需求的过程中，他的收入也会跟着上涨。

我确信，如果真的想赚钱，最好选择做上 10000 个小时也不觉得辛苦的工作。

正因为想赚钱，才要做想做的事。

"花 10000 小时就能上手的工作"不仅可以给我们带来经济上的稳定感，也会给我们带来精神上的安心感。与其忍受着厌恶，做自己无法控制的事，倒不如把时间和精力全部花在自己能控制的事情上，还能赚到钱。后者肯定能为我们带来一种充实的满足感。

在追逐希望的路上，到处都充满着欢乐和喜悦。

50岁后全身心地投入自己梦想的工作的人一定会闪闪发光，魅力无穷。

工作上只有积累了绝对的"量"

才能收获"质"的飞跃。

20 人际关系不看"得失利害"而看舒适愉悦度

——50岁后重要的人际关系

不知从何时起，我是按照"舒适愉悦"的标准来交朋友的。除了生活中的朋友，工作上的伙伴或客户我也是按照这个标准选择的，不是只关注"得失"或"有无才干"，而是优先考虑情绪价值。比如说"跟这个人在一起很快乐"，"与那个人共事让人兴奋雀跃"，"有这个人在，我会笑容增多"，等等。

可能有人会说："把个人感情带到工作上，太不专业了。"但是正因为想做好工作，我们才会尽量避免与那些给自己带来精神压力的人打交道，才会去营造舒适愉悦的工作氛围。

"待在一起令人感到愉快的人"就是和自己志趣相投的人。你们的价值观和看待问题的方式相似，所以很多事情不用多说彼此就能心领神会。即使意见相左，只要彼此的目标一致，你们最后也会谈到一起，沟通起来毫无障碍。

如果对方让你感到莫名的烦躁，几番交流下来都感觉话不投机半句多，那你就要耗费很多的时间和精力去弥补因沟通不畅而产生的疏漏。

很多工作压力几乎都来自人际关系，因职场人际关系的困扰而精神崩溃的大有人在。因此，按照"舒适愉悦"的标准来处理人际关系是很合乎情理的。

假如大家因为某个原因而聚在一起，不善于处理人际关系的人不必为了搞好关系而强颜欢笑，可以和别人保持相应的距离，告诉自己"我不善于跟人打交道，现在不过是工作上的来往而已"，"像平时那样正常交往，做到不失礼即可"。这样，你基本上便不会有什么人际关系的烦恼了。

50岁后，你是否能够绽放也与你所交往的人有很大关系。如果你打交道的人是那些无论到哪个年纪都敢迎难而上、挑战自我的人，是那些总有一颗浓厚的好奇心与探索精神的人，你肯定会耳濡目染，受到积极影响的。但如果你的身边总有一些感叹岁月不饶人、不敢去挑战新事物、保守且逆来顺受、消磨时光的人，总有一些就同一问题反复嘟囔、发牢骚的人，那么，即使你有继续提升自我的念头，也会很快被各种苟且、松懈所吞没。

四五十岁的人有各自不同的路。越是有明确目标的人，越善于选择和谁来往，不和谁来往。我们需要勇气去放弃复杂的人际关系，不去迎合那些容易心存芥蒂之人。

对每个人来说，真正重要的人是那些我们自然而然地想接近、想对话、想给予的人。和这些人在一起，我们无须曲意逢迎，无须勉为其难，能自然平和地与其待在一起。

除了与那些让自己感到快乐的人在一起，50岁后，我们需要珍惜的人际关系有以下几种：

（1）珍惜自己主动建立的关系。

这种关系不是被动建立的，而是在自己的"用武之地"与他人建立的信赖关系。比如在职场上，如果你主动去帮助他人，聆听他人的烦恼，那么当你离开原来的岗位或公司后，你和一些人依然能够保持联系。主动与人来往并不难，通过诸如"提供有用的信息""日常帮个小忙""介绍需要的人"等小事就能做到。如此一来，你也可以毫无负担地去请求他人帮忙。

（2）珍惜与自己不同的人。

令人愉悦的人不一定是容易相处的人。如果一个人只和与自己价值观相同的人来往，那么他很容易偏听偏信，丧失客观性和灵活性，眼界狭小，思维僵化。常和一些年龄差距大的人、有其他领域知识和经验的人，以及不同文化背景的人聊天或交友，你能学到大学问、新知识。尽管大家性格迥异，还是能基于"兴趣""尊敬""有共同点"等因素来往。

（3）珍惜"贵人"。

这里的"贵人"是指我们有烦恼时可以向其倾诉的人，能够启发、点拨自己的人，默默守护自己的人，可以做自己人生导师的人。人生路上，"贵人"们的思维方式、言行举止以及生活态度都值得我们学习，也会成为我们前进的动力。他们在我们迷茫时，或是即将"脱轨"时，也会及时点醒我们。即使你没有特意请求他们指导自己，说上"谢谢你，我得救了""幸亏有你，才有现在的我"等一两句感恩的话，他们也会默默地成为我们的守护者。

珍惜生命中的重要之人，这是我们 50 岁后成长并提升幸福指数的关键。

我们不需要努力建立关系，

要珍惜那些无须努力就能保持的珍贵关系。

21 鼓起勇气放弃"厌烦的事"和"不擅长的事"

——不要被"必须……才行"的想法牵着鼻子走

"我的人生我做主",很多人不明白这个简单的道理,他们常常被公司的规矩和周围人的眼光牵着鼻子走。不,他们不是受到了他人眼光的摆布,而是被自己多年来形成的"必须……才行"这种狭隘的惯性思维所束缚。

50岁后,你若想从容淡定地走下去,重要的是做"想做的事"和"擅长的事",更重要的是放弃"厌烦的事"和"不擅长的事"。

其实,很多"厌烦的事"和"不擅长的事"我们都是在不知不觉间做到现在的。比如,一些做不做都没关系的加班,为克服不擅长的事情所做的努力,一些话不投机半句多的交往,考取一些毫无用武之地的资格证、技能,等等。很多时候,我们只是贪恋那种拼命努力所带来的安心感罢了。

往往越是老实、认真的人越容易钻牛角尖,越容易把忍耐当作一种义务和责任。他们常常觉得"无论做什么工作都应该拼命努力","工作上就应该不顾一切地往前冲"。

年轻时，我们有这种观念无可厚非，但是50岁后，也差不多要丢掉这些"紧箍咒"了。

如果你依然执迷不悟，拼命赶路，即使以后找到了自己想做的事，你也会优先考虑沉重辛苦的工作，用"没时间""没精力"的借口推脱。最终，你依然无法实现自己的梦想。

忍着去做"厌烦的事"和"不擅长的事"，无论在人生战略上，还是在精神健康上，都有无穷的害处。然而，很多人还是贪求某些甜头而无法放手。

实际上，做"想做的事"和"擅长的事"，我们会获得很多好处。

我有一段时间也是不管不顾，闷着头横冲直撞，还在心里对自己说："工作嘛，就是连厌烦的事情也得做。"

但是，现在我把工作当成了好玩的"游戏"，所以决定要用"想做的事"填满人生，让人生不存在自己不想做的事，不存在厌烦的事。当然了，工作中多多少少会有些自己不擅长的事。不过，这些事只属于我"想做的事"中的一个小小的环节。我常常是带着"打游戏通关"的感觉去完成的。

当我做了大量的工作后，才真正体会到忍着厌恶去做"厌烦的事"和"不擅长的事"真的会把自己弄得惨不忍睹。这是一种痛彻心扉的感受。我不仅没有做出成绩，也没受到任何认可，更没有赚到钱。所谓的横冲直撞、闷头冒进根本不会让自己信心满满，甚至连获得自我满足都成了奢望。

为了摆脱那时的惨状，我思来想去找到了一个对策，即做"想做的事"和"擅长的事"，将所有的时间和精力投入到"客户的需求"上。最后，这种"自我坦诚"让我不需要多努力就能做出令人满意的成果，从而使我获得了身心上的巨大满足。

如果一个人总是暗示自己"做厌烦的事、不擅长的事能获得不错的薪资，还能赚到名声，面子上也说得过去"，那么他不会去关注自己的内心世界和自己真实的感情，只会愈发对"身外之物"上瘾。

过度地重视"身外之物"，长此以往，你会逐渐找不到什么是自己真正想做的事。

不妨静下心来问问自己：

"现在的工作是不是我真正想做的？"

"我是不是在快乐地学习？"

"我是不是真心为现在这段关系感到高兴？"

如此，你会发现，自己能做的、会做的、想做的事其实很少，而你与自己对话的时间会越来越多。

放弃应该放弃的人和事，你会发现自己的内心世界不再那么拥挤，自己真正想做的事开始在心里"生根发芽"。除了工作，你可以去旅行，可以去做志愿者，可以去留学，可以去学门乐器，等等。

不妨将想做的事情列入自己的人生计划中。假设人生是个坛子，如果我们不趁早把自己的石头放进去的话，那么以后就没有什么机会了。做事同样如此，等到有空再做的结果可能是永远没空。所以，找到自己的"石头"，并将它趁早放入你的"人生之坛"中。

放弃不想做的事，

你就知道自己想做什么事了。

22 有基础的收支意识，才能看见大致的前景

——思考自己该如何赚钱

从 50 岁开始走自己的路，那么，拥有关于如何赚钱、花钱的“收支意识”尤为重要。因为，如果看不见前景，没有预期的话，人就会焦虑不安，就做不到踏踏实实地走自己的路。

曾有一份“高龄夫妇三十年的晚年花销至少需要 2000 万日元（约 100 万元人民币）”的报告书受到社会各界的广泛讨论。

能存够 2000 万日元并不容易。就算每个月存 5 万日元也需要存够三十三年。甚至还有人计划用退休金来还房贷。比起存钱，努力坚持工作或许更保险一点。

我建议从 60 岁开始，每月至少赚 10 万日元。

以每个月工作二十天计算，一天赚 5000 日元便能实现这一目标，二十年可以赚 2400 万日元。

定下这个目标后，你就要想想自己做什么能每天赚到5000日元，即考虑具体的赚钱方法。即便是自认为"什么都一窍不通"的人，从现在开始，用五到十年的时间也能掌握独立赚钱的方法。

工作的形式多种多样，比如退休返聘、再就业、自己创业或兼职打工等。不管采用哪种形式，你最好能够大致清楚这个工作适合不适合自己，自己能不能坚持下去，然后再进行下一步。这样你才能安心投入自己的工作中。

接下来就要慢慢地摸索赚钱的方法了。比如，一旦你决定"每个月至少要赚多少钱"，那么，你就要"确保每个月都有稳定的收入"，"拿到公司的一些外包项目"，"与人合伙承包服务项目"，"主业赚不够的用做副业赚的钱填补"，等等。

我认为金钱是人们用来购买"期待"的。之所以男性顾客在高级会所里花费较多，女性顾客在美体美容店进行"自我投资"，是因为他们是带着某种"期待"光顾的。

人们有期待，才会继续付钱。当他们认为没有期待时，就不会再付钱了。

要想维护好自己的客户，只有一个办法：超出客户的期待，哪怕1%。当客户不断获得超出预期的满足时，他们的期待也会越来越高。在客户心中，你能胜任的工作也会越来越多，你的报酬或薪资也会上涨。持续数年之后，即使某些工作没有超出对方的期待，你也会因为已经建立起来的信赖关系而被继续给予期待。

那些年纪越大越被客户青睐的人，他们拥有独特的工作方法，并不断地思考"自己如何获得他人的期待"，"自己应该如何不辜负甚至超越这些期待"。

一旦认清"客户是对我有期待才付钱的"，那么你就不会在工作选择上瞻前顾后、犹豫不决，能很客观地发现自己以后想走、要走的路。

另一方面，比"怎么赚钱"更重要的是"怎么花钱"。

曾经有一位80岁的女士免费把房子租给我住。她得知我想写作出书就特别想支持我，对我抱有很大的"期待"。

这位女士孤身一人，没有家人，腿脚不方便，靠退休金生活，一直过得非常简朴。她以前是小学老师，以前的学生常常来帮她打扫庭院，修剪花草，还帮她买东西。除了日常的饮食，她生活上几乎不花钱。但是，她每年都会来几次说走就走的旅行。比如，"想看看猴面包树，就马上去马达加斯加"，"想听听歌剧，就马上去坐地中海的观光船"。听她的学生说，她还一直为地方的寺庙和小学捐款。

看到她花钱的金额，我就问她是不是也做些投资、炒股。

这位女士说："做了些投资、炒股，但是都赚不了什么钱。钱就像水箱里的水，平常拧紧水龙头不用，想用的时候打开水龙头就行。"

原来如此。我相信即便是不稳定的工作，只要我们定好每个月的生活费，基本上都不会出什么大问题。这位女士还告诉我如何用人脉来弥补金钱上的缺口。

从现实和具体的情况出发去思考自己的收支结构能激发我们前进的动力，我们内心的不安也会逐渐消失。这也许就是对自己的人生抱有"期待"吧！

金钱是"期待"的象征。

年龄越大越应该思考提升他人"期待"的方法。

23 人与人的关系才具有真正的资产价值

——珍惜既有的人际关系

世界上几乎没有仅凭一个人就能完成的工作。即便是写书，看似只有作家一个人，其实背后还有编辑、设计师、营销员、书店店员等各种各样的人参与其中。每个人都有自己的角色。

如果与共事的伙伴相处融洽，那就像化学反应一样，我们能把自己未知的潜能激发出来，获得极为出色的成果。我们能继续做现在的工作，是因为有人对我们有期待，给予我们工作，并对我们的工作给予认可，进而为我们带来更多的工作机会……如此循环往复，这种良性循环是有意义和价值的。

一位退休后又被公司挽留做董事的60岁女士曾说，她90%的工作是与人打交道。一些大项目顺利完成是人与人的"化学反应"带来的。特别是50岁后，大部分人的工作能力其实都差不多，而最关键的是"人与人之间的关系"。从某种程度来说，年轻人可能会对长者敬而远之，认为他们"不好合作""很难共事"。在工作能力差不多的情况下，人们自然觉得与那些年轻、容易相处、容易共事的人一起工作会更好。

我有一位朋友在公司做到部长后就按时退休了，后来又被返聘上岗。或许是退休之前没有与下属搞好关系的缘故，以前工作兢兢业业、受到公司表彰的他却在返聘后遭到了前下属的欺凌，工作三个月就辞职不干了。因此，人际关系会影响个人能力的发挥。50岁后还能幸福工作的人，他们周围一定有相互信赖的工作伙伴。

但是，我们没有必要因为过于重视关系而着急去建立"人脉网"。人脉关系是人们逐步建立起来的，并非刻意追求的目标。有的人为了拓宽自己的人脉，常常去交流会、宴会上发名片或自我宣传。但一般来说，这样做很难建立工作上的关系。

50岁后，比建立新的人际关系更重要的是珍惜既有的人际关系。如今，通过社交网络，我们可以和庞大的陌生群体建立联系。但是，比起盲目地拓展人脉，建立高质量的人际关系更为重要。特别是曾经共事的人，长期来往的客户，对我们关照有加的人……这些人对我们非常了解，并且已经与我们建立了深厚的感情。

其实，50岁后再就业的人并不是通过求职网或招聘杂志找到工作的，大部分人都是被邀约或是被介绍过去的。我的个别工作也是通过接受客户的网络邀约，或是通过邮件或社交通信软件找到的。我也不时和不同年龄段的人相互交流，委托他们在工作上帮忙。

但是，如果你和别人的交情过浅，别人也不会在你烦恼的时候为你说话、帮把手，或者给你牵线搭桥。而与你交情深、来往时间长的人，面对你的问题或错误，他们不会视而不见，而是严肃地指出来。即便彼此意见不同，也不会对你们多年的深厚感情有太多影响，甚至，你还会感谢对方的指点和批评。

在公司，往往是主管或同事扮演"教学""建议""赋予任务""评价"等方面的角色，50岁后，你必须自己去寻找这样的人。

人们之间深厚的感情是在工作和日常生活中逐渐建立起来的。正因如此，我们最好能利用好公司的人际关系，为下个阶段的发展做准备。

珍惜人与人的每一次相逢，重视自己的每一份工作。无论是主动还是被动建立的关系，让每一个与我们相遇的人都收获120%的喜悦，那么我们就可以维护住和他人的关系。工作的机会也会源源不断地出现。

与其拓展人脉，倒不如找准自己的角色定位，做好自己该做的事。如此，我们才能建立并维系好自己的人际关系。

人与人的缘分是在恪尽职守和奉献中产生的。

24　你是否了解自己的种子和它的播种方法？

——"尝试"也是自我投资

在 IT 企业工作的一位 40 岁的男士曾如此感叹道："二三十岁学的技术，在自己不到 40 岁时就落伍了，更别提 50 岁了。"

如今，社会的发展瞬息万变，技术更新迭代，年轻人的流行语也在不断变化。上了年纪的人根本跟不上节奏，再怎么拼命努力也总是感觉有心无力，十分疲倦。

换作以前，我们在十几岁的时候学习知识，20 岁时找到自己的领域开始播种，30 岁、40 岁开始浇灌、培育自己的种子，50 岁收获果实。然而，这些都已成过往。时代在加速发展，退休要延迟，我们走入人生的下一个阶段时，必须多播种几次才行。

但是，很多人还不清楚自己的种子是什么，不知道该怎样去播种自己的种子。

我一位朋友的丈夫声称要建立再就业的"人脉关系"，于是一门心思地参加非本专业的交流酒会；又声称要"打造更好的自己"，于是常常光顾男士美容店，购买新西装；声称要"重新学习"，于是掏钱考各种资格证或参加房产投资的讲座研讨会等。尽管他努力进行自我投资，却并没有拿出什么像样的成果，反而增加了家庭的经济压力。像他这样无头苍蝇似的胡乱自我投资，只是为了安慰自己，消除自己的不安情绪罢了。

我们50岁后不能像这位先生一样"随意转换跑道"，而要在所在领域找到自己的主场。

首先要从自身的优势、强项，以及社会的需要来考虑自己能做的、能贡献的事情。另外，我们可以先不考虑要不要把某些事情当工作，不妨带着玩游戏的心态，把自己感兴趣的都统统尝试一遍。这种心态很重要。因为既然是"玩游戏"，那失败或遭遇困难也没有什么好沮丧的。

一位邮购公司的朋友十年前在好奇心的驱使下开始练习气功。但是，原来的一时兴起竟然变成了深深的沉迷，他甚至周末也会去文化中心上课。他说五年后要把公司交给接班人，自己则开个气功培训班。而且，他从几年前开始学习药膳料理，准备以后"气功＋药膳"双管齐下，开辟新事业。这位朋友的商业嗅觉非常好，他在这条路上应该走得不错。

我们一开始不要用力过猛——稍微有点兴趣就立刻将其当作"工作事业"来对待。应该带着轻松的游戏心态，"先试试再说，又不是非要当成工作不可"。这样你会更容易看清自己的潜质和适应性。

我快40岁时来到东京，那时候的心态就是"以后的人生就当是玩一场游戏吧"：想去哪里就立刻去，想见什么人就立刻去见，想看的东西就立刻去看。我想体验各种人生的第一次，在想住的地方像旅行一样生活。

工作从某种意义上来说也是让我们沉迷的游戏。就像我们知道自己擅长和不擅长哪些事情一样，我们也清楚哪些游戏可以玩，哪些游戏不能玩。当时还是个自由写手的我刚去东京时，就想看看未来十年自己能努力做到什么程度。

正因为是玩游戏，过程太简单的话就显得无聊、无趣。而且，若不能全心投入，不能对他人有所贡献，那游戏玩起来也毫无意义。

中文一窍不通的我在45岁左右到中国台湾地区留学。那时候，我也抱着玩的心态，带着"为什么在日本活下去这么难"的疑问来到台湾，想在那里找到答案。不过，再次回到学校学习的生活真的很快乐。除了自己的社会学专业，我还重新学习了国防、宗教、经济等其他领域的知识，我感觉自己正在把各个点连接起来，并逐渐看到整个画面。这一过程中，我时不时就会产生顿悟的感觉："原来是这样啊！"

无论是工作、游戏还是学习，都是反复"尝试做感兴趣的事"。"尝试"本身就是自我投资。人是通过积累的经验来思考问题、付诸行动并建立人际关系的。积累越多的经验教训，掌握越多的知识信息，尤其是这些经验和知识越是与众不同时，我们越能对社会有所贡献。

不可思议的是，相较于认真生活的二三十岁，从抱着"玩游戏"的态度生活的 40 岁开始，我觉得自己跟这个社会相处得越来越融洽。

工作、游戏、学习上都尝试着做愉快的事，

这些事情本身就是自我投资。

第三章

成为被信赖、被需要的人

25　真正的工作报酬是"下一项工作"

——成为能被他人信赖和需要的人

50岁后要想"不逞强、不勉强、从容悠闲"地投入工作，我们需要变成被他人信赖和需要的人。

第三章我会主要讲讲"找到自己能做的事"和"促进工作的方法"，同时谈一谈"被需要的方法"。

总体而言，我们应该把"被需要"放在首位。我们很难弄清楚自己的才能（自己能做的事）。很多时候，我们自己不以为然的某项技能或某个特点突然被他人大加称赞，我们甚至因此被委以重任。也就是说，"被需要"给了我们一个回应他人期待的"场"。

就这样，我们获得了反复试错的"场"，获得了学习的"场"，获得了将自身潜质转换成在现实生活中"给人带去欢乐"和"对人有帮助"的"场"。我们借助各种不同的"场"，获得了飞速成长。反之，如果一个人急着去

"充电"，去"输入"，急着考资格证书，急着去学习技术、技能，但是不善于"输出"，那么他很难去培养和发展某些能力。

每个人有每个人工作的节奏和方法。有些七八十岁依然活跃在工作一线的人，他们精神矍铄，神采奕奕，侃侃而谈，总有一种"让人还想与他多聊聊天"的迷人魅力。我觉得这是因为他们在日常生活中就与很多人打交道，善于找到让对方感兴趣的话题，从而让人感到欢乐和舒适。

工作不仅能让人发展自己的技术、技能，还让人有机会与年轻人打交道，从他们那里学习新知识。在日常生活中与人聊天对话也能磨炼沟通技能，使自己正确看待社会上的各种现象，拥有开阔的眼界和胸怀。不知不觉间，你会变得越来越成熟。

如果没有"被需要"，你获得成长和取得成绩的过程中可能会付出相当多的时间和精力。因为，人可能不会为了自己拼命努力，反而因为不想辜负"某个人的笑容"而拼命努力。

你以为自己在支持、维护着某个人，是他的后盾。实际上，你才是那个被他人支持、维护的人。

无论是为了寻求人生的意义，还是为了获得经济上、物质上的宽裕，抑或是为了保持身心健康，找到自己的角色定位和价值，并被他人需要是最坚实、最牢靠的方法。"被需要"是让人保持身心健康，收获自我成长的方法之一。

在公司，当你无意间成为"被需要"的人，生意和业务会接二连三地上门。

一个总是"被需要"的人，也可以说是一个"有回头客"的人。从这个意义上来看，一项工作真正的报酬其实是"下一项工作"。

如果仅仅一次工作，就给客户留下"只这一次就算了"的印象，那你的工作才是真正意义上的结束。只有让客户获得超出预期的成果，让客户觉得"幸亏把工作交给了他"或"下一次还想交给他"，才可以说，你的工作完成得不错。即使工作报酬不多，如果能将工作持续下去，你也会取得总体而言还算不错的收益。

其实，你也可以尝试体验一下什么是"不被需要"的感觉。你会发现，拥有与众不同的专长，掌握"被人需要、自己独有"的本领是最重要的。

了解自己擅长和不擅长的事，然后谦逊、低调地寻找如何培养和发挥自己的优势和强项的方法。这也是我在本章谈论的主要内容：寻找被人需要的方法。

不断成长的人能自己寻找

"被需要"的方法。

26　总会有人看见你的"优劣势"

——我们自身不会意识到那些"理所当然"的事

后半生，要找到适合自己的事，最重要的是了解自己。正如我在第 24 节所说的一样，在做事之前，如果不了解自己的优势劣势、强项弱项，就会浪费很多时间和精力。如果你的工作"没有让你受到好评""没有为你带来自信""没有使你收获成长"，可能那个工作并不适合你。

50 岁后，我们没有太多工夫去炫耀自己"只要努力什么事都能做到"，去讲究什么"克服弱点才是真正的成功"。

50 岁后，我们不应再纠结于克服自己的弱点和劣势，而要竭尽所能地发挥自己的强项和优势。

寻找自身强项和发挥自己优势的最佳方法不是靠我们自己，而是靠我们身边的人。

每个人或多或少给自己的亲人、朋友、同事等长期相处的人带来过欢乐和喜悦，曾受到过他们的赞赏或感谢。

不妨把这些赞赏、感谢都记下来。除了"工作能力强"，诸如"听他说话就觉得很治愈""他做事很有一套""他给的建议很受用""他做饭很好吃"等他人对你的评价，找得越多越好。

如果没有，可以问问身边的人："你觉得我哪些地方做得不错？""我身上有没有让你惊艳的地方？"

以我为例，就算别人不问我，我也会主动夸奖对方"你真贴心""遣词造句很讲究"。通常对方会露出不知所以的表情，觉得自己不过是照常做事，不值一提。由于当事人认为这种事理所当然，不需要为此付出努力，所以根本没发现原来那就是自己最大的"武器"。

如果能把这些优势、强项用在工作上，那工作起来一定会得心应手。我们在享受工作的同时也能给他人带来欢乐和愉悦。反过来说，如果试图用自己的弱点、劣势去讨好他人，那简直是难于登天。

在我看来，工作上的优劣势并非取决于自己，而是取决于我们身边的人。

无论是公司职员还是自由职业者，甚至是兼职打工人，都应该有意识地去思考"他人会如何评价自己的工作"，这是非常重要的。这样我们才能搞清楚自己的哪些东西是被人需要的，哪些不被人需要。

四五十岁的人获得反馈（评价）的渠道可能逐渐减少。从某种意义上来说这也并非坏事，专注于自己擅长的事，就能逐渐看清自己不擅长的事。

我有这样一种感触："在尝试各种工作时，如果自己所做的某些事获得了他人的赞赏，那就趁热打铁，继续完善和发展这方面的能力。不知不觉间，这些能力就真的成了自己的优势、强项。"

他人会因为我们身上被人需要、被人期待的能力而感到愉悦，并向我们伸出橄榄枝。我们也会因此在实践中不断锻炼这方面的能力。

当然，也有人对我们所做的一些事情表示不满。甚至有些我们自认为做得不错的事情也并未获得他人的期待。在这种情况下，我们的工作能力自然不会提升。

很多人似乎更愿意花时间和精力去克服自己的劣势，而不是发挥和完善自己的优势。每个人都讨厌自己的弱点，讨厌自己的劣势，一旦在这些方面失败受挫，就会产生严重的自卑感，总想去克服，去弥补。然而，让你纠结万分的弱点或劣势，他人并不会在意，人们反而会关注我们的强项、优势。所谓的"自我评价"和"他人评价"是完全不同的东西。

一个成熟的人会大方地说出自己擅长和不擅长的事情，谈论自己喜欢和不喜欢的事物，坦诚地说出自己的真实感受。做不出成绩的工作，他会果断放手，交予他人，从而专注于自己的角色定位和自己手头的工作。

在工作上"被人需要""被人认可""具有存在感"……这些收获的好评在你离开公司后会成为你坚硬的铠甲。

如果工作让你疲倦，甚至令你几近崩溃，也许是因为你还未找到自己身上被认可、被需要的某些能力。

真正的优势、强项

可能你自己还未意识到。

27 不会"客观审视自己"的大人无法获得成长

——明白自己会什么、不会什么

50岁以上的人，精力和体力可能大不如前，因此拥有一个"无须多用力就能出成绩"的工作方法是很有必要的。

为此，我们要学会"客观审视自己"。要实现自己的主观愿望就要从客观的视角审视自己：我是一个怎样的人，我到底具备什么样的才能、技术，我通过什么方法才能在工作上做出成果。

50岁后，能否客观地审视自己会出现截然相反的结果。那些不能客观审视自己的人，他们的衣着总是不合时宜，他们说话总是颠三倒四、条理不清，总是不清楚自己工作方面的"商品价值"。因此，他们无法发挥自身的强项，即使拼命努力也会走错方向。这些人通常听不进他人的意见或建议，不肯老实承认自己的失败或过失。因此，他们往往得不到任何成长，很容易变成他人口中"倚老卖老"

的人。不过，最危险的是那些自认为"除了自己，别人都不了解我"的人。

能客观审视自己的人会坦诚地承认"自己还有些地方弄不清楚"。他们不会勉强自己胡乱迎合他人，或者故意与他人"唱对台戏"，而是自然地与周围的人和谐相处，与其保持恰到好处的距离。他们在工作上也能客观地判断"我会什么、不会什么"，"我能做到哪一步"，"我这么做会有什么结果"。因此，他们能很快找准自己的角色定位，充分发挥自身能力，既能谦逊地礼让他人，也能躬身请教他人。

能客观审视自己的人也是能够坦诚并谦虚接受自己的人，因为清楚地知道自己想做什么，所以能够灵活地发展自己的强项。

我有一位在中国台湾地区居住的日本朋友，她曾经做过售卖手工饰品的工作。这位朋友上过雕刻金属的学校，做过寄售、邮购、跳蚤市场等，但是并未赚到什么钱。包括我在内的几个朋友都劝她："既然你想在台湾生活，可以去读个研究生，以后做个日语教师也未尝不可。"于是，她 40 岁的时候就去读研究生了。除了日语、中文，她还掌握了中国闽南方言，所以读研期间就收到了很多学校递来的橄榄枝，刚刚毕业就立刻被聘为大学讲师。

这位朋友接下来的做法也很有个性。当时，学校方面跟她谈过多次，想让她做正式的专职教师，每次都被她拒绝了。她说不想被一所学校困住，想要自由自在地生活，便继续做着非正式的兼职讲师。后来，听说自己为朋友咖啡馆提供的日式点心口碑不错，她就趁机利用函授讲座开始认真学习日式点心的制作技术。她的审美眼光原本就好，做出来的点心看起来也十分美味可口，很快捕获了许多当地民众的心。在当地制作点心期间，她又一次发力，趁着暑假去巴黎开了分店，结果大受好评。我深深地感到她十分了解如何发挥能力，懂得享受人生。

这位朋友在服装搭配方面也总是与众不同，富有个性，但绝不会引人不快，甚至还会让人感到惊艳。即便不强迫自己迎合他人，她也能给别人带来欢乐和感动，收获别人的认可。从这一点便看得出，她知道"怎么做能获得他人的接纳"。

50岁后能客观地审视自己、绽放自我之人有以下三个特征：

（1）知道自己想要成为怎样的人。

（2）明白自己的强项、优势。

（3）站在他人的立场上不断做出"贡献"。

特别是第三点很重要。在反复思考"怎么做才能得到他人认可"的过程中，我们会慢慢成长。当对方对我们的工作不满意时，我们也要加以改善、修正。

如果总是把自己糟糕的工作结果归咎于客户的挑剔、苛刻，埋怨客户看不见自己对工作的一腔热情，那只能说明你没有客观地审视自己。50岁后最重要的是自我调整，不断适应环境的变化。

客观审视自己的能力，

可以在"为他人做贡献"中得到锻炼。

28 凭借专长从"要我做"变成"请我做"
——面面俱到不如深耕一处

看看那些 50 岁后依然有"即战力"的人，你会发现其中大部分都是拥有某领域专业才能的人。这些人并非无所不能，而是在某个领域拥有不可忽视的影响力，因而受到他人的青睐。

很多人的职位会随着年龄的增长而得到晋升。但在现实社会，这种职称、职位能起到的实际作用非常有限。除非天赋异禀或能力非凡，否则，即便是做到公司的部长或董事级别的人，一旦换个环境也几乎没有什么即战力。

无论是为了真正地发挥实力还是获得人生幸福，能集中精力在自己的领域深耕之人更容易被他人需要。

在公司工作的人最好有长远计划，尽早为"成为某方面的专家""获得他人的好评"做好准备。

"被人认可的强项、优势"指你的能力被对方认可，你的努力让对方深受感动。以此为契机，继续在该领域深入钻研，你就能看清楚以后需要努力的方向。

一些小公司有时候也会将一些业务委托给退休的员工。比如让他们跟以前一样做些会计方面的事务或是长时间负责某项工作等。

我以前任职的某家出版代理公司有一位六十多岁的审校人员，她总能指出一些其他人发现不了的错误，又因为有律师事务所工作的经验，通晓法务知识，所以她也负责公司合同相关的项目，进而成为公司不可或缺的人才。

也就是说，即使辞职之后，一些专业人士也能被人需要，被认为"非他不可"。

我们不必将所谓的"专业性"想得过于复杂。"专业性"并非完全指高超的技艺、深厚的知识等，也并非什么高深莫测的东西。

即使一开始只是个"初学者"，只要有人需要，你也能成长为一个货真价实的专家。在公司学到的技术、技能，我们离开公司后也能继续施展。

影响力大、受人青睐的人有以下三个特征：

（1）能把自己的专业性用语言表达出来。

如果一个人是某个领域的专家，他可能会很容易开拓自己的专业道路。但是，如果他介绍自己的专业背景时总是含糊不清，比如说自己"在公司做事务性工作""做到了管理岗位"等，这样的表达并不会给人（包括那些想对他伸出橄榄枝的人）留下"有实力"的印象。在介绍时，如果能用合适的措辞表现自己的专业性，比如"我正在研究×ב"我会××技能""我对××非常在行"等，对方更容易想象你能胜任何种职务。

（2）能迅速应对问题，并坚持到底。

这一点其实不用过多解释。如果你因自己"现在很忙"而迟迟不肯接受某项工作，或者虽然接受了却将它搁置一旁，那么你或许不会再收到他人委托的工作了。当别人需要你时，你要马上回应，并且坚持完成工作，这样才能增加他人对你的信赖。同时，在工作期间你要及时报告、联络和协商，让对方放心并了解你的工作进度。建立这种信息畅通的关系也非常重要。

（3）拿出超出对方期待的成果。

无论公司内外，如果你能超额完成他人委托的工作，并打动对方的心，那么对方一定会"再次委托你"。甚至，你可以挑战一些稍有难度的工作，并超出对方的期待。在不断拿出出色成果的过程中，你的专业性会被越来越多的人认可，你也会被越来越多的人青睐。

我的一位朋友在七十多岁时被返聘为社长，并连续多次被指定为新项目的负责人，他曾说过下面这番话：

"我自己没什么目标，但是满足他人期待、为他人带来欢乐的工作让我由衷地热爱。而且，我会越做越热爱。"

我想，我们不妨在心灵一隅描绘一个场景：当我们七八十岁时，依然被人青睐有加。除了身边的人，还有其他人向我们伸出橄榄枝。描绘完这个场景后，再想想自己应该怎么做。

不断超越他人的期待，

不断获得越来越多的青睐。

29 没有非凡的技术也能成为稀有人才

——要有"我有与众不同之处"的意识

正如我多次提到的一样，一件事情之所以能被我们当成工作，不仅仅是因为我们能"胜任这份工作"，也因为他人有相应的需求。换句话说，"被需要"是工作的必备条件。

我觉得只要找到这种需求，也许我们一生都不必为工作发愁。

但是，这种需求并不是逛几趟人才招聘市场或去人手不足的行业转转就能找到的。只有成为他人眼中不可替代之人，只有让你的工作具备稀缺性，你才会获得报酬并赢得回头客。例如经营个人商店。我们并不是要开一家随处可见、普普通通的商店，而要绞尽脑汁开一家让顾客觉得"仅此一家，别无其他""非此店不去"的商店。

这里所说的"不可替代"并不要求你必须具备高大上

的履历或者非凡的技能。

到了四五十岁，每个人基本上都积累了一定的经验、专业知识及人脉关系，我们的特长、特性也会凸显出来，我们的存在本身就具有稀缺性。这时候，关键是不要随大溜，不要别人做什么你也做什么，而要有意识地凸显自己的与众不同。

50岁后，与众不同才能为你带来价值。刚开始，你的一些工作技能稍微高于普通水平。随着核心工作的开展，你一定会遇到新的难题和挑战，此时，你会觉得"可能加上××东西比较好"，"××处应该再深入了解一下"。

有时，我见到一些人在博客或名片上写着"通过投资不动产实现财富自由的理财顾问"或"通过饮食培养爱的育儿顾问"（只是假设的），这些头衔乍看之下很有意思，但试图从一开始就强行创造一种服务或需求是行不通的，理想的情况是在服务客户的过程中自然而然地探索出一种"+α"的模式。

下面介绍一下"具有稀缺性价值的四种工作模式"，或许可以为大家的事业发展提供参考。

（1）为强项"加成"。

即为自己的核心技能加上客户乐于接受的加分项。

一位在大学做日语讲师的女老师有时会教外国学生怎么做寿司之类的日式料理。因为广受好评，她50岁离职后就开设了料理培训班。培训班的学员大部分是外国人，他们在Instagram上晒出的寿司卷等日式料理非常诱人，吸引了很多人下订单。"英语＋日式料理＋外国人人脉"的加成组合成就了非她莫属的工作。

（2）做别人没做过的独特之事。

即做别人都没做过的事，没有需求就去创造需求。

当发现自己的工作内容和大部分人没什么区别，无法凸显出自己的时候，我就会改变服务对象，选择一些没有竞争对手的领域。做自由摄影师时，为了不让自己淹没在摄影师的人堆里，无法被人看见，我就亲手冲印黑白照片，作为人像摄影的一种方式。后来，这种摄影方式受到越来越多人的喜欢，渐渐变成了我的核心工作之一。我甚至还举办了个人作品展，并逐渐接受订单，开始做内部装潢相关的工作。

（3）阶段性地深耕专业。

即在做专业工作的过程中，再进行专业细化。

一位 50 岁的心理咨询师将自己和家人患有智力发育障碍的隐情公之于众后，全国各地的邀约和咨询竟然纷至沓来。因为，这位心理咨询师不仅在智力发育障碍领域有着深厚的知识积累，他和家人也都有过这方面的患病经历。这能让他与患者产生更多的共鸣，更能体察他们的感受。因此，他在这一领域具有很强的说服力。

（4）有时代意识。

敢于做不符合时代潮流的事或者用现代化的方法传播旧事物，也是提升价值的一种方式，比如用贴近现代生活的形式去表现和传播传统的衣、食、住、行等文化。我的一位服装搭配师朋友就正在教授学员如何将和服穿出轻松的现代感。50 岁后的中老年人也能带着自己的独特感受去传播传统文化和民族经典。

我们在长期做"自己能做的事"的过程中，会逐步筛选出那些"非我不可"的事。只要找到这种"非我不可"的工作，我们就会越来越强大，越来越有精气神。

用自己的优势、稀缺性、专业性、时代性

去武装自己，收获成功。

30　年龄越大越要讲"人性之力"

──工作一线的有力武器

"如今工作逐渐 AI 化、全球化、远程遥控化，中老年出场的机会也会越来越少"，现在这么想的人确实不在少数。如本章所讲，最重要的不是别的，而是首先选择专业性的工作。因此，我们在接触和尝试新工作时，最好能从技能、知识、经验、人际关系等现有条件出发，或者是以客户需求为中心来寻找能做的工作。

另外，50 岁以上的人容易忽略另一种资产价值──"人性之力"，它包括沟通力、包容力、亲和力、智慧和经验等。

当今社会，每个个体的追求不同，再加上人口老龄化，那些起到"默默守护""陪伴相随""真心倾听""忠告建议""教化指导""支持声援"等作用的一些人性化的角色和工作越来越被人们需要。然而因为没有形成一定的规模，其发挥的作用也比较有限。

另一方面，从社会就业结构来看，护理、医疗、育儿、生活、教育等越是需要人性关怀的领域，相对来说其工作收入越低。但是，这类工作同样有意义和价值。

"人性之力"应该成为支持社会一线工作者的有力武器。

前几日，我去百货商店买参加葬礼的衣物，接待我的是一位七十多岁的店员。她说话和蔼可亲，服务接待也无可挑剔，甚至对参加葬礼的规矩、礼仪，以及有关商品都很熟悉，真的很让人放心。我为此十分感动，于是在调查问卷上表示希望下次还能接受她的服务。

后来我才知道，那位女士是店里有名的优秀店员。甚至有祖孙三代和其他远道而来的客人专门因为她光顾商店，年轻店员也常常向她请教问题。这其实也是利用"年龄优势"的一种方法。

以前我在婚庆公司工作时，客户常常不会点名要求年轻员工担任负责人，而是专门找五六十岁的员工。因为负责人在结婚仪式上除了和新郎新娘讲话，还有很多场合需要和他们的父母讲话。后来来了一位六十多岁的女士，她刚刚进公司没什么经验，但她就像对待自己的孩子一样对待新娘新郎，也像一位亲切的姐姐一样对待新娘新郎的父母，让人备感安心。很多人指定她来负责婚礼。几年后，她就做到了部长职位。

我身边有很多六十多岁的心理咨询师、旅馆经理、护理机构的所长、家庭保育员、护理员等，他们都是用自己的"人性之力"活跃在社会工作一线。

一位离婚的女士在她50岁的时候成为一家俱乐部的老板娘。这位女士在工作上备受顾客欢迎，即使她现在已经80高龄，也常有顾客对她道："要是你把俱乐部关了，我们都不知道该去哪里才好，希望你能一直工作到90岁。"这位女士说："三十年间，我从未有过一次是不想去工作的。来俱乐部的客人不少，性格上也与我合得来。"

一位七十多岁的陶艺家曾经在日本保护司①任职，此外，她还担任过同窗会的经理，帮小学生制作过乡土纸牌，做过广播体操协助员，等等。她每天送自己孙子上学时，顺带领着住在附近的小学生上学。孙子小学毕业后，

---

① 日本保护司是政府为重新教化从少管所或监狱出来的人专门设置的一个职业，旨在预防其再次犯错，以及让问题少年重新走上生活正轨。——译者注

她依然被一些家长委托接送孩子上下学，到现在已经十五年了。她说："确实有时身体有点吃不消，但我从来没有一次是不想去的，否则肯定不会坚持到现在。"在参加志愿者活动时，这位陶艺家也有很大的影响力。因为对她有绝对的信任，很多人也愿意前去帮忙。

无论是不是工作，持之以恒的力量很惊人。

我想，"有人等着我"和"有人期待着我"的意义会予人极强的力量和动力。

长期活跃在工作一线最重要的两个必备条件是"技能"和"人性之力"。

31 提升自身技能的一种方法
——建立必然会投入时间的机制

我想，面对人生后半程，有人会想要提升自己已有的技能，并学习一些新技能。但是，四五十岁的人想要再掌握一些新技能并非易事。比如说学一门外语，四五十岁的人可能要比一二十岁的人多花一倍以上的时间、精力和金钱。当然了，有"学习不分年龄，想学就能学会"的决心并没有错，但就现实情况而言，有的人一学就会，有的人却怎么学也学不会。一旦努力的方向和方法错了，最后只会白费力气，徒劳无功。

下面两种方法可以帮助我们判断工作和学习上努力的方向对不对。

第一种方法是看你"做得愉快不愉快，能不能全身心投入其中"。

一项工作，如果你做得很愉快，能全身心投入其中，那么坚持下去并非什么吃苦受累的事。不管结果如何，这个过程非常有意义、有价值，而"好奇心"是其中的关键。好奇心能让人自然而然地涌出一种探知未知事物的能量和动力。你会自然而然地行动，并且不会觉得吃力。

50岁后，你最好能彻底抛弃那些做得不愉快的事、无法让你精神集中的事。因为，不情不愿地做自己不喜欢的事情，你根本做不好。

有的人抱着"努力就有回报"的心态去拼命考取毫无用武之地的资格证或学习自己用不到的外语，但这种拼命努力如果让人很痛苦的话，你所投入的时间和精力很可能会竹篮打水一场空。

另一种方法则要看你的工作"是否能给他人带来快乐"，"是否能得到他人认可"。

如果别人告诉你"帮了大忙""真厉害""多亏有你"，那么他说的这些就是你的强项、优势，说明你努力的方向没有错。

50岁后，我们并不适合一味地做自己不擅长的事情，而应在自己擅长的领域进一步深耕，增加"+α"的价值，成为"被需要"的人。

其次，我们还要注意努力的方法。为了掌握技能和知识，包括曾经的我在内的很多人其实做了很多无用功。

我们常常觉得人应该先学习再实践。其实正好相反，我们应该先实践再学习。也就是"输出"在前，"输入"在后。

从这个角度来看，公司可以说是绝佳的学习之地。

我是在前公司的工作中逐渐学会了摄影和写作的。一旦被推到不得不做的位置，不管你会不会，都要拼命去做，拼命去提高自己的技能和知识水平。因为每次做完工作后，我们还会得到反馈，还会受到上司的赞赏或批评。那些曾经说话不流畅的人之所以变得口若悬河或许是因为被推到了销售部门，经历过反反复复的实践，积累了经验。

50岁开始提升技能时，我们首先要做的不是努力学习，而应先给自己设置一个"不得不去"提升技能的场域或环境。这其实是提升技能的最佳途径，甚至可以说是唯一途径。比如，如果你想学习一门外语，不妨结交几个掌握这门外语的外国人，或者翻阅外语书去找自己想要的资料。通过这些方法，你自然会逐渐进步。如果你是在公司上班，可以找机会到公司以外的场合，看看凭借现有的技能自己可以做到什么程度，能不能得到认可。

一开始尝试时，你可以免费提供服务或者定一个试水价格。在实践的过程中，你就能发现自己的不足之处和应该具备的能力。如果按照先实践再学习的顺序去考资格证书的话，既能帮助你获得证书，又不会浪费你的努力。

真正的才能是持之以恒——"才能（强项）= 能力 + 时间"。

首先是创造使用现有能力的契机，然后建立必须投入时间的机制。这是提升自我技能（能力）的一种方法。

宝贵的时间和精力要用在刀刃上。我们要不断积累能够真正派上用场的技能。

不是先学习再实践，

而是先实践再学习。

第四章

50 岁后绽放之人的

社交与生活

32　50 岁后以一介凡人的姿态与人交往

——坦诚地面对自己

50 岁后，想丰富自己的人生，最关键的是知道与什么样的人打交道。

在工作、学习、游戏中接触到的人会给我们带来或好或坏的影响。有时候我们会"想与这样的人打交道"，"想成为那样的人"，"想获得那个人的认可"，"想与这个人共事"，"想成为这些人的助力"，等等。即便我们做自己想做的事，也几乎难以仅凭一己之力完成。

50 岁后，我从真正意义上感受到了人际关系的重要性。

其实，我也遇到过几位恩人，如果没有他们，我也许走不到现在。

珍惜人与人之间的关系和牵绊，这种信念来自人们内心深处的真实想法："人仅靠自己是无法成事的"，"我们并非超人，只是凡人罢了"。

不要事情进展稍微顺利就认为自己是天之骄子，我们之所以走得比较顺利，是因为托了别人的福气。若想继续这么顺利地走下去，方法之一是保持谦逊，虚心求教。

"凡人"并非一无是处之人，而是抛开工作、头衔、上下级关系，自然、平常地与人来往的普通人。正因如此，50岁后我们可以自由选择和什么样的人来往。这也是与人建立联系的有趣之处。

与不同的人接触时，你自己也在扮演着不同的角色。而且，如果找到了自己的用武之地，你也会感到高兴，能够打起精神做事。仅靠自己的脑袋来想问题，我们难免会考虑不周。多看看、多听听别人的想法并接触一些其他信息能让我们的思维和观念进一步更新，产生前所未有的新创意、新想法，拓宽自身的可能性。

我喜欢和不同年龄、不同职业，以及不同立场的人聊天、说话，特别是那些令我难以望其项背之人。他们所讲的知识让我兴趣盎然，感触颇深。虽然他们的生活方式我无法完全模仿，但至少能学习部分想法与行动。他们的一些思维方式和言行举止令我佩服不已，一些想法和态度也令我羡慕不已，这些都成为我人生教科书中的一部分。另外，还有那些帮助我弥补不足的人，那些给我善意的建议、意见的人，那些接纳我的劣势、弱点的人，那些伸出援手帮助我的人……他们都值得我感恩。

毫不夸张地说，真正帮助我们开拓人生之路的人就在我们身边。纵使我们没有拼尽全力向前奔跑，也有人为我们找到发力点，也有人做我们的后盾，也有人会默默地守护我们。

如果我们还在公司，公司可以为我们提供解决问题的途径。但50岁后，就需要我们自己去寻找答案了。

只有带着这种意识去珍惜身边的人，珍惜人与人之间的关系和牵绊，我们才能真正地获得充实的人生，才能与那些所谓"独善其身"的人拉开差距。

我心中的50岁后绽放之人在处理人际关系方面有以下几点诀窍：

◎ 既不虚张声势，也不畏首畏尾，而是保持平常心。

◎ 感谢并珍惜那些自己认为很重要的人。

◎ 做出一些小贡献，并稍微依赖他人。

与人打交道时最重要的是"不逞强、不勉强、从容悠闲"。有研究表明，对人的幸福和健康影响最大的不是金钱和事业，而是人与人之间的关系。珍视他人就是珍视自己。

　　第四章，我将讲讲 50 岁后如何维护支持我们工作事业的人际关系。

积极的人际关系

引领我们创造美好的人生。

33 50岁后"公私混同"的人际关系
——坦诚、真挚地与人来往

"公私混同"常用来描述滥用职权、侵占财产、性骚扰等负面的事情。这里的"公私混同"则完全是另外一个意思。

本处所说的"公私混同"指的是50岁后的人际交往最好能将"社会性的自我"与"个体性的自我"混合起来思考。这样既能提升工作质量，也能提升人际关系的质量，进而帮助我们提升人生的质量。

前面说过，当今社会，各个年龄段都能同时进行"学习""工作"和"游戏"，人际关系的影响范围正是上述三者加上"生活"。有人因拥有相似的兴趣而熟识，彼此志趣相投，进而在工作上有所来往；还有人与以前共事之人成了老朋友；也有人从家人、朋友那里收获工作的灵感和创意。以自身为例，我四十多岁到中国台湾地区留学时，恩师曾给我介绍过大学讲师和政府观光局顾问等工作。

其实，我们很难去区分人际关系中的"公事"和"私事"。

作为一介凡人，若想 50 岁后进一步充实自己的"个人生活"，那么我们最好能自然、平常地建立自己的人际关系，坦诚地与人打交道。只有这样，那些志趣相投的、值得尊敬的、为我们加油鼓劲的"贵人"才会向我们靠拢，并与我们保持长期的来往。相反，如果抱着"为了工作应该去参加聚会""想发发名片拓展一下人脉""得和同事维系好关系"等目的与人来往，你基本不会与他人建立什么亲近的关系。如果与对方话不投机，交往中只需不失礼仪即可。

那些能建立"公私混同"的人际关系的人，主要有以下特征：圈子比较小，但与朋友关系深厚，而不是交友广泛，但与他人关系浅薄；珍视人与人之间的关系，常常伸出援手帮些小忙。这可能也会对工作有所帮助。

我有一位六十多岁的朋友，他经营着一家广告代理公司，同时担任着高中同窗会的会长。这位朋友从不缺席在校生的运动会和社团的应援活动，甚至做得兴致勃勃，比自己的正式工作还上心。

后来，在一次社团活动中，这位朋友突发灵感："如果有 T 恤或毛巾等应援周边的话，岂非更加热闹？"于是，他回去就让自己公司做出了样品。最终，他的产品大受好评。客户都说："真不愧是广告代理公司，这种设计真让人耳目一新。"于是，参与学校各个社团活动的家长订单也接踵而至。被社交媒体转发相关信息后，全国各个学校的订单纷至沓来，络绎不绝。他也由此开始了更大的生意。

我们的身边其实也有很多"搭把手就能帮得上忙"的小事。这种小事能不能变成工作，换不换得来报酬其实根本无所谓。真正的报酬是大家一起获得快乐、交换信息、触动内心、治愈创伤，让工作和生活形成一种良性循环。

值得注意的是，我们在"公私混同"的人际关系中不要勉强自己珍视的人、自己珍视的伙伴，同时也不要勉强自己。比如说在工作上，原本某些事委托专家去做效果更好，我们却觉得"肥水不流外人田"，转而将其交给了自己的朋友；或者面对朋友委托的工作，我们觉得朋友也不容易，便以低廉的报酬接受了工作。这两种情况都会让彼此之间生出嫌隙和摩擦。

正因为珍视彼此之间的关系，才应该公私分明。

正因为对方是自己珍视的人，所以我们不必勉强自己，便能维系好彼此的感情。

在新冠疫情期间，"工作和生活保持平衡"的理念逐步转变为"工作和生活相结合"的理念。也就是说，我们不必限制劳动时间，不要把生活和工作对立起来，而要让二者顺势结合，同时，灵活地改变自己工作、生活的时间和场所。甚至，有些企业鼓励员工把孩子带到公司，大家一起在工作后做午饭。

在资本主义追求高效率的过程中，我们逐渐感受到人际关系也不得不过度迎合这种高效率的节奏。为了过好自己的人生，我们不妨稍稍停下匆忙的脚步，将注意力放在个人生活上，想想对自己来说真正意义上的人际关系！

试着在身边的小圈子做些

"搭把手就能帮得上忙"的事。

34 与年轻一代打交道要讲技巧

——不要试图获得年轻人的认可

　　我常听四五十岁的人抱怨不知道怎么和年轻人接触。比如，"我对新信息不敏感，不懂IT，总是被当作无知的老人"，"年轻人从来不跟我搭话，他们有自己的圈子，我总感觉被孤立"，"他们说话根本不尊重我，甚至吐出些瞧不起人的言辞"，"他们总像对待远古人或快翘辫子的人一样对待我"。

　　无论哪个时代都存在代际之间的沟通问题。当今时代，即使前辈好心提醒一下晚辈，也可能被视为"爱管闲事"，遭受晚辈的白眼。冷漠的上下级关系更是见怪不怪。当然，这背后还有"晚辈必须敬爱前辈"的传统观念、"不分年龄，只看结果"的成果主义，以及社会结构变化等复杂的因素。

　　向身边的人敞开心扉，建立舒适的人际关系是讲究方法的。

首先，当你与比自己年纪小的同事来往时，关键要做到"不勉强自己，不勉强他人"。因为无论是迎合讨好还是装腔作势都容易让人疲倦，所以，自然、平常地与其来往即可。

反过来说，认为"年轻人要迎合老年人"也是一种倚老卖老的傲慢想法。

我们要建立的不是冷漠、刻板的上下级关系，而是温和、平等的人际关系。有些人之所以觉得年轻人对自己"不理睬""不尊重"，是因为他们内心深处依然固执地认为"年轻人就得对前辈主动"，"年轻人就应该仰视前辈"。

正因为我们过于在意自己的年龄，才会让年轻人觉得我们存在年龄上的偏见。

其实，我们只不过是比年轻人多活了几年的普通人罢了。即使他们跟我们儿子女儿年龄相仿，只要工作能力出众，即便年纪小也值得我们尊敬。如果能和一些志趣相投的年轻人愉快地聊天，谦逊地向他们请教自己不懂的东西，即便是一些七八十岁的老年人也能打造友好沟通的环境，与年轻人顺利地打交道。其实，只要我们能放平心态，放下端着的架子，谁都会安心、自然地和我们来往。

果断放下年龄方面的偏见，你会自然而然地融入年轻人的圈子，也不会被年轻人当作"日薄西山的人"。他们甚至还会主动请你帮忙。

当今时代，很多时候上司可能比你年龄小。如果发现年轻的上司对自己有些客气见外或欲言又止，你可以主动请他们开口，以便营造一种畅所欲言、开诚布公的氛围。总是期待对方认可自己，心胸只会越来越狭窄，为什么不尝试去认可他们，让年轻人看看自己的气度呢？即便不能对所有人敞开心扉，但只要与身边之人和平相处，相信即使是冰冷的关系也会逐渐缓和。

接下来给大家介绍五个"与年龄较小的同事或伙伴相处时彼此敞开心扉的秘诀"。

（1）聊天时带上名字称呼对方。一般来说，两人逐渐产生距离时，说话时往往会不自觉省略对方的名字。但如果你带上名字称呼别人，比如"×××，早上好"，"×××，你今天来得真早呀"，像这样与对方打招呼，对方也能感受到你对他敞开了心扉，并且能感受到你对他关心、重视的态度。

（2）小事上请他们帮忙。如果年轻人在琐碎的小事上能帮上忙，他们也会很高兴。因此，你不妨找机会与他们搭话："你在IT方面很厉害，能教教我不？""这个人很出名吗？""你觉得这个企划怎么样？"……其实，我们请他们帮忙，对其说一声"谢谢"，也是认可并感谢对方的一种方式。

（3）找到小的共通点。比如，我们"是同一个棒球队的粉丝"，"常光顾同一家店"，"喜欢同一家电视台"，"老家很近"，"兴趣相同"，等等。小的共通点能迅速拉近彼此的距离，也可以成为与对方搭话聊天和交换信息的契机。

（4）观察对方，不吝赞赏。一般而言，产生嫌隙或芥蒂后，人们往往不愿意多看对方一眼了。因此，在日常生活中我们应该好好观察对方，如果觉得年轻人身上有什么值得赞赏的地方，就马上夸奖他，说一句"真时尚呀"，"工作效率真高"，"字写得不错"，等等。小事上也要不吝啬赞赏。

（5）略微透露自己的真情实感。我们往往不想被年轻人看到缺点或弱势。其实，不妨和他们聊聊自己的心里话或是以前的失败经历。比如，"实不相瞒，我没搞懂开会内容"，"我以前也栽跟头了"，然后问一句"你呢"，把问题抛给对方，如此一来一回地聊天也能加深彼此的了解。

如果你能与年轻人愉快、舒适地相处，与其建立融洽的关系，他们会成为你强有力的后盾。

不论年龄大小，不必勉强自己或勉强他人，
以"一介凡人"的平常心去和年轻人打交道。

35 以"我"为核心选择新的人际关系

——50 岁后，自主选择人际关系

50 岁后，无论是在工作上还是生活中，许多人都感觉"交往的人变少了"。他们常说"不敢再去建立新的人际关系了，而且自己也处理不好"，"学生时代的同学，我们现在的生活环境和价值观都不一样了，说话说不到一块儿"，"工作和养娃都已告一段落，却没有人来找我聊天了"，等等。绝大多数人的社交圈都在逐渐缩小，而不是扩大。

20 岁到 40 岁左右，人际关系会因工作、结婚、育儿和居住环境而产生变化，但是 50 岁后，就到了自主选择人际关系的阶段了。

有的人断言自己不需要朋友；有的人希望与更多的人交流沟通，希望多一些能倾诉烦恼的朋友。其实，人际关系并无好坏之分，只要是自己满意的就可以了。

不过，我们之所以觉得建立新的人际关系非常麻烦，主要是因为以前在职场或养育子女时，我们不停地去迎合他人，还没有习惯去自由地建立关系。自由地与人建立关系，换句话说，就是合得来的就来往，合不来的就不来往。

建立以"我"为核心的人际关系，即优先考虑"我"想怎么活着，"我"想建立什么样的关系。当你不一味地迎合他人，按照自己的想法去与人建立联系时，反而会让那些与自己合得来的人在恰当的时机出现。

虽然我的社交范围比较广，但其中能维系长期关系的朋友只有极少数。即使如此，那些只有一面之缘的邂逅也并不是没有意义的。

与对方初次见面，不要一厢情愿地去建立工作或朋友关系，而应该带着好奇心去观察对方是一个怎样的人，以一种平和、自然的心态与其交往。可能因为从事写作工作，我本来就对他人充满兴趣，很喜欢听别人讲话，感受崭新的观点与发掘对方的优点。

与人交往时，我基本上不会去想对方是怎么看我的。虽然给对方留下好印象确实不错，但是对方怎么想是对方的问题，与我无关。在不做出失礼逾矩之事的基础上，保持和对方在一起时愉悦、舒适的心情最重要。

无论彼此的关系是长是短，即便是一次短暂的邂逅也会让你的"世界"更广阔一些。

前几日我遇见了一位年纪七十过半的公司社长，他与我说了这样一番话："五位二十来岁因为新冠疫情而失去工作和房子的女孩和我这个七十多岁的老头子生活过一段时间，那真算是我经历的一场思维革命。她们每天都会带给我接二连三的震惊。那段时间我才发现，现在二十多岁女孩的思维真是天马行空。我受教了不少。"他之所以外表年轻，充满活力，或许是因为拥有柔韧灵活的思维。

我们与年龄相仿、价值观相似的人来往确实不费什么力气。然而，如果我们与年龄差距很大、价值观不同的人对话，虽说彼此的沟通会不顺畅，但在交流的过程中，我们一定会感受到不一样的新奇与刺激。最重要的是，陌生崭新的邂逅会让人感到既兴奋又快乐。

人们相遇的场合比比皆是：工作或同行的集会、兴趣社团、培训班、志愿者活动、社区活动、线下见面会、介绍会、常去的老店等。

在开始一段新的人际关系时，你需要放松心态，抱着试试看的想法与对方接触。彼此相处得舒服最重要。但是，合不来也不必勉强，如果只是为了完成工作的话，保持适当的距离与对方来往即可。

除了公司和家，在一些没有明确约束或规则的场合，我们或许会因为想维系关系而感到紧张，而这也恰好可以成为我们提高沟通能力的好机会。

如今，越来越多的人愿意在社交网络上展现自己。一般来说，我们和那些与自己有着相同喜好或相似目的的人都比较聊得来。

如果一个人的社交范围太狭窄，那么他的胸怀、思维方式也会缺少灵活性，这对他的工作也会产生负面影响。我们最好从一开始就带着轻松的心态，迈出建立新的人际关系的第一步。

用新的邂逅磨炼内心的柔韧性。

36 从相互扶助的关系中诞生"交换经济"
——超越年龄、立场、国界的人际关系

有人缘、能收获工作机会和灵感机遇的人常常是那些为他人提供不时之需的人。这些人一听到别人有什么困难，就会在能力范围内尽可能地提供帮助："我来帮帮你吧，这个我会"，"我觉得有个信息可能对你有用"，"我认识一个靠谱的人，给你介绍介绍吧"。

相反，没有人缘、很少获得工作机会或机遇的人，面对别人的搭话求助，也是一脸淡漠，事不关己高高挂起，总是不愿意去帮别人一把。

还有些人，无论到什么年纪，跟人打交道前都会考虑有没有什么好处。这种人到最后只会让别人退避三舍，绕道而行。

50岁后，我们就进入依靠个人的"给予""贡献"建立人际关系的阶段了。因为我们积累了丰富的知识和经验，

有许多机会可以为他人提供帮助。这也是超越年龄、立场、国界而与人结缘的方法。

50岁后，我们在聆听倾诉、默默守护、传道授业、牵线搭桥等人情世故上，要比年轻人和人工智能做得更出色，更得心应手。不过，我们最好能知道对方是否会舒适、愉悦地接受。如果令对方不快，则说明我们是一厢情愿，帮了倒忙。

一些人因为被人需要，便常常寻找自己力所能及之事。他们除了工作，还获得了越来越多的温暖、亲密的人际关系，以及心灵的满足感。

我以前在一个快变成"限界集落"①的农村生活过。那里处处不方便，但我总会得到很多七八十岁的老年人的帮助。他们会时不时地对我说"我送你去公交站吧"，"我给你割割草"，"我做了腌菜，来吃点儿吧"，"我教你怎么煮笋子"，等等。我对他们表示了由衷的感谢。下一次，他们还会来，不是帮忙就是塞给我好东西。我婉言谢绝后，

———————————

① 限界集落是日本常住人口中65岁以上的老年人超过半数，从而难以维持共同体的村落。由于年轻人外流，其婚丧嫁娶、农活互助等社会协作逐渐变得困难。——译者注

他们也不会强求。因此，不勉强自己也不勉强他人很重要，可以促进人们之间相互扶助。

因为想回报恩情，我在年轻人的帮助下举办了乡土料理等活动，邀请村里的人享用美食。但是，毕竟在农村，我能做的事不多，常常受人照顾让我感到心里过意不去。他们却对我说："只要你高兴地接受了，我们就很高兴。"真是令人心头一暖。身在这样处处为他人着想的集体中，真令人感到安心。

另外，相互扶助也能产生小小的"交换经济"。我甚至觉得我们后半生应该有意识地对其进行实践。这种"交换经济"也是最先进的、最具持续发展条件的一种社交机制。

就像农村的物物交换一样，与所在社区的人相互提供力所能及的帮助，提供让人乐于接受的东西，你们会获得超越金钱的价值。

身边的人会对我们的工作、兴趣爱好等给予支持。无论是日常生活中需要帮忙时，还是生病住院、遇到困难时，有他们在身边，我们不会那么害怕。特别是身处信息社会，能提供新信息的人对我们来说非常重要。

如果处在一种良好的人际关系中或是加入某个社区，那么我们能省去生活中很多不必要的花销。

我会把自己不穿的衣物拿到朋友开的慈善商店去。朋友也会给我调来新货。以旧换新，所以我在服装上不怎么花钱。

现在承接个人事务的网站逐渐增多。我们不仅可以去附近的人家帮忙做家务、带孩子、搬行李或是收拾东西，还能通过互联网与远方的人说话聊天，向他们咨询问题，还能用日语与外国人对话，等等。随着时代发展，不同形式的工作也在不断增加。

古代，大山里的人常常思索如何用自己种的菜换回一条鲜鱼。同样，那些常常思考如何提高自己产品质量和服务价值的人才能在时代的洪流中勇敢地生存下去。

50岁后，成为给别人带来欢乐的人，才是最有机会获得恩惠和幸运的人。

需要你的人在世界的某个角落。

37 具有大共同体意识

——扩大视野，找到自己能做的事

50岁后，我们最好能在退休或辞职的前提下考虑人际关系。大部分人离开公司后会关注到地方社区、兴趣小组、亲朋好友等小的共同体，同时，我们也应有意识地关注自己所处的大共同体。

这里的大共同体指的是社会、国家、世界、自然乃至宇宙。身处如今的时代，我认为五六十岁的人在离开公司等集体后，要从更广阔的视角去俯瞰全局，努力思考，并尽全力往前走。只有如此，我们才能找到以"个体"和"自我优先"为核心的劳动意义。

如果我们能从"社会一分子"的角度考虑问题，那无论我们的工作还是人际关系都会呈现出不同以往的状态。比如，从事饮食相关工作的人，如果以一种"我要做出让人人都能放心吃的美食"的态度去工作，那么他可能会结识一些当地的农家；在服装公司工作的人，如果有"支援海外贫困地区"的想法，可能会考虑协助NPO机构制作衣物。

我们身边有很多形形色色的身处困境之人。包括孤独无助的人，在贫苦中挣扎的人，身心有创伤的人，等等。同时，我们还面临着自然、教育、环保等亟待解决的问题。我们每个人其实都能为此多做点什么。"想用音乐治愈人的心灵"，"想传达出文学中的美好"，"想让孩子多体验体验大自然"，等等。这些想法都具有一定的社会意义。

如果你遇见怀有同样"问题意识"的人，那你们或许能成为志同道合的朋友。

一位研究料理的朋友曾向我讲过她利用自家的房间做培训教室，和学员一起做料理，把生活搞得有滋有味的经历。与其说她在做料理培训班，倒不如说她给大家提供了沟通交流的场所。其实，除了家里和公司，只要在能说话的地方，人们就会打起精神，向大家诉说自己的烦恼。这位朋友说，在她的料理教室，丈夫、亲戚，还有社区的人都聚在一起，其乐融融，这种氛围也能为她的各种工作企划提供灵感。

工作的本质便是为他人做贡献。那些50岁后依然活跃在工作一线，并不断收获成长的人，带有强烈的"社会一分子"的大共同体意识。他们当中也许有人觉得"能为儿孙做点贡献就好","看护自己的父母已经筋疲力尽了，根本没工夫做什么社会性的贡献"。然而，他们的行为本身就是在为儿孙、为父母做贡献，为亲人带来欢乐和幸福。他们本身就是了不起的人。

其实，我们不妨试着把视野放得更远、更开阔一些，我们的内心会更从容，我们也能找到自己能做的事，哪怕是微不足道的小事。比如，当你感受到家人的重要性，当你了解了某些护理问题和相应的解决方法，不妨将其发布到自己的博客或社交网络上，相信有人看到后会得到启发和帮助。

人们总是想寻找人生的意义，想让自己活得更有价值，还想结识更多的人，与其相互辅助、相互认可。而实现这些愿望的方法就在"为他人做贡献"中。

我有幸采访过一位特别的女士，她就是被称为"全球最穷总统"的乌拉圭前总统何塞·穆希卡的夫人——露西亚·托波兰斯基（Lucía Topolansky）[①]。她中学时曾因

[①] 露西亚·托波兰斯基·萨维德拉，乌拉圭前总统何塞·穆希卡的夫人，2017年9月出任乌拉圭副总统、国会主席兼参议长，成为乌拉圭历史上首位女性副总统。——译者注

反对贫富差距而参与政治活动，被当作政治犯长期关押在监狱里。后来，她进入国会，成了最受欢迎的国会议员。这位前总统夫人告诉我的三句话让我印象深刻。

"找到活着的意义。"

"把时间花在热爱之事上。"

"顺从内心，然后为世界留下点什么。"

特别是最后一句话，每每想起来，我都有一种挺直腰杆、昂首挺胸的感觉。

这位前总统夫人告诉我："我们只是世界的匆匆过客。但是，肯定有人知道你，有人见证过你的存在。你终将离开这个世界，财富并没有任何意义，但是你可以为世界、为世界的某个人做点什么。同样，他人也会为下一代做出贡献。"

我们现在和平、便利的生活等所有的一切都是在先人的种种贡献上建立和发展起来的。超越了时间和空间，想在生命中为他人尽微薄之力的想法也许是人类本能的欲求。

有意识地思考

"我们能为下一代留下什么"。

38 50 岁后不论成败，唯有热爱

——享受热爱之事的人才是真正赢家

我们的前半生总是充斥着各种竞争与对比。在人们眼中，"考进好大学找到好工作就是成功人士"，"会赚大钱的人才是赢家"，"结婚生子就比别人强一大截"。即便现在，持这些观点的人也不少。

但是 50 岁后，这些评价不过是身外之物。做自己想做的事，精神抖擞、笑容满面地迎接每一天、享受每一天的人，难道不是最幸福、最充实、最潇洒的吗？因此，正如我在前面所讲的，我们可以"像玩游戏一样去过后半生"。

我们在享受对社会有贡献的工作的同时，也要从其他事物中找到不一样的乐趣。

正因为工作在人生中占有很大的分量，而且要长期持续下去，所以，我们更要腾出时间去休息，调整身心，学

习新的知识，做一些看似与工作不相干的事。

我常常听海外的朋友说，他们上班十年后，能获得几个月到一年时间的带薪长假，即"公休长假"①。

如果我们有较长时间的休假，可以利用这段时间旅行，短期留学，短期移居，参加志愿者活动，体验新工作，等等。这些体验可以帮助我们积累不同领域的知识经验，开拓视野，激发出新的灵感创意……而新的想法和创意也能让我们获得更多为社会、为他人服务的技能。

一家公司的社长告诉我，在他的公司，长期工作的老员工会获得一个月的公休长假。在此期间，工龄较短的员工会接替老员工的工作，从而获得业务技能的成长。这简直是一举两得。

我认为50岁后，我们可以边工作边给自己争取"自主公休假"，也可以自己创造可以灵活休假的条件。

如果长假不好实现，我们可以进行一些其他活动。

我抱着"学学试试看"的态度到中国台湾地区留学。

---

① 公休长假是一些公司给予老员工的福利。与通常的带薪休假和年假不同，公休长假的使用途径没有限制，时间至少在一个月以上，长的有一年左右。——译者注

那时候，我本打算专心完成学业，放慢写作速度。结果，在那儿三年的时光，我居然比其他任何时候都享受写作。一方面是吸收了新知识就想赶快消化输出，另一方面是置身于积极向上的人群中便能让我产生行动的动力。

研究生院里学生年龄参差不齐，有朝气蓬勃的青年，也有步入古稀的老人，还有来自不同国家的人。大家上课七嘴八舌地讨论问题，下课却能够相互倾诉烦恼和忧愁。在这样融洽又充满朝气的氛围中，我也不由自主地变得精神百倍。特别是一些边上班边带娃的母亲。她们除了上班、做家务、带娃，还利用带薪假期来研究生院学习，完成课程报告和毕业论文等。她们身上仿佛有用不完的精力，让我十分佩服。还有一些年轻人，他们有的卖一些小玩意儿，有的开个饮品小摊，有的做家教老师，等等。他们那种轻轻松松、小打小闹地赚钱的心态也让我印象深刻。

总之，在他们中间，我会不由自主感到"自己想做的事终会成功"。

我现在居住的地区有很多居民原本是外地人，有些人是回乡发展，有些人跟这里原本没有任何渊源。他们的年纪大多在 50 岁以上，有的"平时在大城市上班，每年回到小城镇悠闲过几个月"，有的"过一段闲暇时光后，准备开个画画班"，有的"两年后想开一家民宿，现在正在学技术"，有的"新冠疫情后就开始远程上班，就搬回来住了"，等等。他们做着自己想做的事，有热爱，有激情。即使离开公司或是跳槽转岗，改变了工作方式，他们也能坚持下去。因此，退休后老年人容易出现的"健康问题""经济条件差""感情孤独"等三大问题也被一下子解决了。

即使出现一段时间没有工作或是因家庭因素而搬家、移居等情况，不妨也把这当成增加人生色彩和乐趣的小插曲。50岁后，我们可以不以成败论事，顺势而为，随遇而安，享受人生各种乐趣，品尝人生的各种滋味。

人到了50岁，也工作相当长的时间了，万事可以从容淡定，泰然处之。在人生路上，时而信步缓行，时而转向掉头，时而绕路远行……都不失为前行的方法。

给心灵充足的时间去

"消化"工作的乐趣。

39 以一年为单位，挑战新事物

——逐一实现心中的目标

想做的事，想走的旅途，想尝试的兴趣和游戏，想学习的知识，想参加的活动，想陪伴父母，想来一次家庭旅行，等等。我建议可以以一年为单位来实现这些目标。

以后的事情不必规划得太过清晰，可以抱着"暂且在一年当中将它完成""一年的时间全用来实现这个目标"的心态，一个一个地通关。其实，这相当于让我们以"人生的时光只剩下一年"的感觉来做自己想做的事。

我们可以提升、优化自己的工作技能，也可以尝试着慢慢改进工作，还可以试着重拾以前想做的事情。

现在想做的事情，最好现在就去做。

如果一些事情总是被"以后再找时间做"的借口往后推，基本上都会变成"下辈子的悬案"。

活在当下，人的心境也会时常发生变化。最开始，人生并不存在"自己的路"，根据自己的心情和感受，坦诚地做出选择，我们才能找到"自己的路"。在实践的过程中，我们会产生一些灵感："我接下来想做这个"，"我想更深入地了解"，"我得改个思路"，等等。很多时候，当别人伸出橄榄枝、发出邀约时，我们可能会迎来大机遇。

在如今这个日新月异、瞬息万变的时代，很多目前有市场的新事物在数年后也会变成被市场抛弃的旧事物。比如，我们自己或家人突然生病，家庭出现了各种状况……未来会发生各种意想不到的事情。

很多人因此不停地担忧未来，"怕自己晚年没有钱"。所谓"好好上班，就能安度晚年"的旧价值观也许还残留在很多人心中。

其实，"性价比"最高的做法是把最少的心思放在"未雨绸缪"上，把最多的时间和精力用在"当下"，尽情地享受"当下"。

正因为有计划之外的"变化"，我们才有最佳的选择，才能成就更好的自己，从而获得工作和报酬。只要注意不让身体出现大问题，那我们做什么事情都没关系。

我差不多每一两年就会搬一次家。到海外、市区、农村生活一段时间。不同地方和不同的人际关系也让我获得了不同的工作。

我的大部分钱都用在了搬家和学习上，我又把学习得来的钱用于"找更好的工作"，这种用钱之道对大部分人来说都是合适的。同样，工作上我们也要跟着感觉走，从自己的感觉出发去接触新事物，开启新工作。这样才能更好地适应时代潮流和市场环境，获得持续发展。

可能某些工作终有结束之日，但只要我们心无旁骛、从容悠闲地做着自己想做的事，并享受其中，那这对我们来说就是一种幸福。活在当下、享受当下就是尝遍人生的种种滋味，蓦然回首时发现有些事情让我们不由自主地乐在其中。我想拥有这样的人生。

诚然，漫漫人生路上，很多事情不是我们用一年的时间就能遂愿、实现的。因此，一方面，我们可以以一年为单位一点点地达成目标；一方面，我们也要想清楚十年后想要成为什么样的人。

如果身边一些人的工作状态和生活方式让你敬佩、羡慕，那么你可以把他们当作榜样来模仿。当然，这种模仿是可以灵活调整的。然而，如果你不知道自己想去什么地方，不清楚自己该朝着哪个方向前进，那"实现以一年为单位的目标"就会变得困难重重。不过，倘若以十年的跨度来考虑，就算是大目标，努努力也不是不可能实现。

因此，我们既要关注"以一年为单位"的短期目标，也要重视"以十年为跨度"的长期目标，从不同的视野和角度来对待人生的各种大小事。

在"变化"中乘风破浪，

我们才能凭借自己的力量不断前进。

第五章

50 岁后绽放之人，50 岁时止步之人：两者迥异的思维惯性

40 抱怨年龄的人与不拿年龄当借口的人

很多人一上年纪，就会多些口头禅。他们常常把上了年纪挂在嘴边当作挡箭牌，比如，"上了年纪，很难再就业"，"上了年纪，花哨的衣服穿不出去"，"上了年纪，跟不上年轻人的节奏"，等等。这种口头禅隐含的意思是"上了年纪，我自己也很无奈"。他们用无法更改的年龄做借口，向别人辩解，为自己开脱。

但是，很难再就业，花哨的衣服穿不出去，跟不上年轻人的节奏……并非全因为上了年纪。因为真的有人不管多大年纪都在努力再就业；真的有人不管多大年纪都穿着合体、鲜艳的衣服逛街；真的有人不管多大年纪都可以与年轻人打成一片，与年轻人相互学习，相互合作。他们并不怎么在意与他人年龄上的差距，只是在做自己想做、能做的事而已。

人上了年纪，各方面的身体机能都会下降，这是自然的。但是，反过来想想，时间也让我们积累了更丰富的知识和经验来弥补各方面的不足，比如与人打交道的能力，接受并面对现实困难的能力，动脑筋创造好产品的能力……年纪带来的智慧与经验也让以前很多的"不可能"变成了"可能"。

随着年纪的增长，那些从来不拿年龄当借口的人会与常常抱怨年龄的人拉开惊人的差距。后者往往在行动范围和人际关系方面越走越狭窄，整个人的状态也会显得苍老、虚弱；而前者则越来越容光焕发，你能在越来越多的地方看见他们活跃的身姿。

年纪大并不是什么糟糕的事，真正糟糕的是把"年纪大"当作自己畏缩不前的借口。从现在开始，把"我上了年纪"之类的话从我们的"日常用语"中彻底删除吧！

活在当下，

感受年纪带来的喜悦与悲伤。

41 掩盖自身弱点的人与接受并袒露它们的人

很多人在工作中一出什么差错就会想办法找借口开脱。这种毛病不分年龄，每个人多多少少都会有，尤其是那些上了年纪、性格顽固的人，这方面的倾向更严重。

有的人面对他人的指摘总是大发脾气，坚持己见；有的人听到他人的意见，则会战战兢兢，畏首畏尾。无论前者还是后者，他们似乎都害怕暴露弱点，害怕别人觉得自己一无是处。这种想法的背后也许是某些心思在作祟："一把年纪了，就不该犯一些小错误"，"被他人抓住把柄，肯定会被穿小鞋"。

如果你总想着树立高大的形象，一门心思要展示自己的得意之处，反而会给人留下一些坏印象，比如"实力配不上那么高的自尊心"，"找借口也找得尴尬，真是个麻烦精"，等等。

而有些人，面对年轻人指出的问题，会大大方方地承认并道歉，然后尽快改正错误。这种态度反而会让人感受到他们的成熟稳重，也能让人感受到他们的平常心和直爽性情。他们十分清楚自身的价值和形象并不会因为某些错误或短板而受到影响。一些小错误反而会拉近自己与周围人的距离，他们会觉得"老员工都犯这种错误，更何况是我，大家原来都差不多"。同样，如果我们把自己不擅长的工作告诉别人，别人也会从旁协助。因此，把自己的失败经历和苦涩回忆分享出来，也会拉近彼此之间的关系。最重要的是，你会轻松起来，逐渐卸下肩上的压力，从而与他人建立联系。

如此，所谓的"弱点"也会变成他人走进我们内心的一处入口，成为彼此交流沟通的契机。

"不想被人看见弱点""不想变成别人的包袱"等负面的想法不知让多少人陷入了孤独寂寞之中。

因此，袒露自己的弱点既是为了自己，也是为了他人。

接受并袒露自身的弱点，你会成为真正的强者，

并为周围的人注入力量。

42 不愿接触新事物的人与热衷挑战新事物的人

我与几位五十多岁在公司上班的朋友聊天时，常听他们说："我快退休了，不打算做别的事了，维持现状，安全'下车'就行"，"都这个年纪了，我不想去接触新东西，也不想栽跟头了"。不过，其中有一位管理层的女性朋友却有相反的想法，她说自己正在尝试一些之前没有接触过的工作，也在开展一些新的项目。

"我已经工作很长时间了，碰到问题和困难，从已有的经验出发，大概率都能找到突破口。但是面对完全没接触过的新领域、新事物，有时再怎么摸索也找不到解决问题的办法，只好每天强鼓着劲儿干下去。但是在这个过程中，我每天都能有新收获、新点子。真是有趣极了。"

从她这番话中，我们可以发现，如果一个人对所处的环境已经轻车熟路，对所做的工作已经得心应手，自然会有安全感，但可能不会有太大的成就感，也不会获得切实的成长。而接触陌生的新工作，过程虽然会很辛苦，但我们会有新发现、新收获，能切切实实感受到自己的成长并享受其中的乐趣。

我想，现在职场上有很多人，他们虽然对自己目前的工作环境并无不满，但内心深处偶尔也会产生不安分的声音："就这样一直做到退休好吗？"

那些不断成长的人会从舒适、熟悉的环境中走出来。

我们不一定一开始就设立一个很大的目标，从小事做起也可以。比如，在公司中做些自己没接触过的工作或没有人负责的工作。刚开始我们可以选择门槛较低的工作，鼓起勇气尝试一下，一定会收获新鲜的充实感。

无论结果如何，挑战新事物的过程可以让你体会到"自己还有用武之地，还有成长空间"。这一过程也会让你不断产生自信，而自信是 50 岁后的人不可或缺的。

尝试做一些自己尚未接触过的、前景未知的事，

切实感受一下自己的潜力。

43　受到批评就生气的人与接受并感谢批评的人

　　日本媒体上常出现"老害"一词。这是个贬义词，常常指那些言行举止不合乎时代潮流却固执己见、强人所难、给人找麻烦的人。

　　其实，那些四五十岁的人中有很多是"老害"，他们最典型的特征是"听不进他人的意见"。当听到与自己不同的意见时，这些人的第一反应就是否定。他们不是发脾气就是闹别扭，完全听不进别人的批评。特别是那些社长或上司等职位高的人，如果他们恰好是这等顽固不化、固执己见的"老害"，那么他们手下难免会有忍气吞声、委曲求全的员工。

　　但是，有的人却不一样。他们虚心谦和，能听得进他人的意见，面对他人的批评，非但不会生气，甚至会心存感激。因为他们知道自己一个人的考虑并不全面，正因为身处高位，才要有全局观，才要听取并重视下属的意见，而不是为了保全地位和面子一意孤行。

如果一个人能虚心听取他人的意见，那么他身边的人也会直言不讳，总是提出各种想法和创意，并能士气满满地投入到工作中。

无论是谁，听到反对意见，心情都好不到哪儿去。即便如此，我们也要重视聆听身边之人的声音。是否按照他人的意见去做姑且不论，你认真听取意见的态度便会让对方觉得你是一个懂得虚心求教的人。

如果能在各种场合多多聆听他人的意见，而不是对自己的事情滔滔不绝，你会逐渐养成"听进去批评意见"的习惯。

年纪越大，给我们提意见的人就越少。结交那些对自己直言不讳的人，营造一种让大家各抒己见的氛围，对一个人的成长非常重要。

有意识地去聆听他人的意见，

有助于我们保持头脑的机敏和灵活。

44 沉默从众的人与敢于表达个人意见的人

虽然绝不妥协折中、强推自我主张的行为确实不好，但一直沉默不语，毫无个人意见的话，无论是对本人还是对周围的人都会产生消极影响。

当被问及意见时，沉默从众的人总认为"最好不要插手年轻人的事"，"现在和自己那时候的情况完全不同"。他们常常把自己归为"非战斗力"人员。如此一来，他们周围的人就越发觉得其在与不在都无所谓。

如果一个人常常察言观色，担心自己提出的意见不合时宜，那他就容易把想说的话深藏心底。但是 50 岁后，我们最好能大大方方地把自己的意见讲出来。因为，提出自己的意见代表你已参与其中。50 岁后，你有足够的知识储备和人生经验，因而，在某些事情上，你一定有自己的主张和观点，把主张和观点讲出来，才不会让周围的人忽略你的存在。在每一次讨论时，你也会受到大家的期待。

对每个问题都能认真思考，你提出的意见才会精练，才会有深度，才能一针见血。这既有利于你的个人成长，又能给他人带来积极影响，问题与矛盾也会被妥善地解决。

另外，在提出个人意见时，你也不必过于察言观色，讲话尽量不要冗长，要抓住要领，讲重点，保持语音、语调自然平稳，同时注意不去否定或反驳他人的意见。

现代社会，人们喜欢收集大量有用的信息，但不擅长把这些信息进行归纳处理，形成属于自己的意见。

如果条件允许，不妨和身边的亲朋好友聊聊政治或社会话题，或者聊聊家常，交换一下彼此的意见。这也是练习表达个人意见的一种方法。

50 岁后持有真正的个人意见

是非常有意义的。

45 将年轻人当作竞争对手的人与 把年轻人视为伙伴的人

在日语中，"マウント"一词指的是炫耀自己的身份地位高人一等的言行举止。可能很多中老年人不承认自己是那种高高在上之人。但其实，"不愿输给年轻人"这种潜意识依然会让他们在不知不觉中表现出某种优越感。比如：

◎ "我感觉正常的话，应该能做出来呀！"——若有若无的嫌弃或批评。

◎ "以前的做法就行。"——听到有人提出新方案、新建议，就拿以前的案例做挡箭牌，固执己见。

◎ "我们那时候呀，可是很能吃苦耐劳的……"——拿以前的辛苦和荣誉来炫耀。

◎ 专挑些专业术语或不常用的词语来显摆肚子里的墨水。

上述每种表现都源于人们"想要获得对方认可"的欲求。但是这种堂而皇之的欲求反而会让年轻人感到厌烦，进而使他们产生对立情绪："又不是什么不得了的事，一副倚老卖老的样子真讨人厌！"

还有一些人，他们虽然年长，但却把年轻人当作队友和伙伴。他们不会摆出一副高高在上的样子，对人颐指气使，反而总是能接纳和认可对方。

我以前的上司并不完美，他缺点不少，工作上也稍欠火候，但他深受下属爱戴，很多人都愿意追随他。在日常工作上，他常常谦和、诚恳地委派工作，对下属的工作给予认可和鼓励，很难有人不喜欢他。

除此以外，平日里，这位上司在很多小事上也能让别人感到舒适和愉悦。比如，与同事或下属相处时，他会"对下属赞扬鼓励"，"善于聆听他人意见"，"主动与人打招呼"，"亲切地称呼对方姓名"，"主动与人寒暄"，"对他人表示感谢"，"与他人分享点心"，等等。如果能获得前辈的认可，年轻人会比想象中要高兴得多。因此，他的下属常常说他知识渊博，经验丰富，让人尊敬，即使以后他辞职单干，也要跟着他打拼事业。

在现代社会，人的个体意识逐渐增强，谁都想获得他人的认可，然而主动去认可他人的人却少之又少。因此，作为成年人，我们要明白一件事：认可他人其实就是认可自己。

认可年轻人能收获尊敬与支持。

46　有想做的事却一再拖延的人与立刻尝试去做的人

人有时喜欢拖延"想做的事"，无论多想尝试的事情也会下意识地将其向后拖延。你是不是曾经想趁着周末去看场电影，但是到了周末，你又觉得太麻烦而打消了念头？

一旦把决定权交给心情、情绪，大部分事情都会被延迟。

"想来一场家庭旅行"，"想收拾收拾老家"，"想报个健身班"，"想学中文"，等等。想做之事有一箩筐，但总因为没有时间、没有钱而拖延，这样的人在生活中并不少见。

很少有人能在毫无压力的情况下说做就做，大部分人是在压力的驱使下才不得不去做某事。因此，一直在做自己想做之事的人实际上下了很多功夫。比如：

◎ 即使条件不充分，也着手去做。

◎ 先从简单之事入手。

◎ 把这件事写入日程表，不做其他安排。

◎ 不追求完美，愿意向他人求助。

◎ 营造方便行动的环境。

即使是原本"想做的事"，做了之后你可能也会觉得"似乎和自己预想的不一样"。正因如此，我们才要"先试试看"。

50岁后，有想做之事就马上尝试去做的人，与那些总是找借口拖延的人，在几年、几十年后会拉开莫大的差距。这种行动上的差距其实是自信心的差异，是成长的差异。对前者来说，在面临突发状况或新挑战时，这种自信与成长会成为他们牢固的后盾。

有想做之事就马上尝试去做的人

能获得莫名但切实的自信。

47　随大溜的人与特立独行的人

在公司里，那些与周围的人和谐相处、步伐一致的人常常会收获他人赞赏。但是放眼全世界，在瞬息万变、竞争激烈的现代社会，那些特立独行、与众不同的人反而比一般人走得更顺利，走得更远。

我认为"特立独行"指的是在"横向关系"中找到自己的位置。比如，在公司里，如果某件事非你不可，那么你就会受到公司的重视，被安排在相应的岗位上。

我有一位侨居中国台湾地区的日本朋友，她参加一些大型活动或电视节目时常身着隆重的和服。这让她在众人中显得独树一帜，格外耀眼，成为人们争相谈论的对象。

"特立独行"就是灵活利用自己的特点，同时也是一种"自我宣传"。

此外，市场空白中也隐藏着商业机遇。我居住的地区有家很受欢迎的家政公司。我等了几个月终于在前几天预约上。据说，他们开始提供针对孕妇与产妇的家政服务，主要由保育员和营养师来主导。

对方表示，考虑到宝妈们生完孩子后的前三周最重要的就是躺下休息，因此，他们为其提供给婴儿洗澡、哄睡方面的服务，并帮她们接大一点的孩子上下学，同时，还帮她们做饭、洗衣服、打扫卫生等。此外，考虑到有些宝妈因为频繁更换工作，在不熟悉的环境中很少与人沟通交流，他们还准备为其提供这方面的服务。

日常生活中的很多过于细致的服务，大企业反而会做不好。

50岁后，不仅是在公司里，我们在社会上也要努力寻找市场空白，并利用这些"缺口"为社会做出贡献。因此，我们要积极地看待"特立独行"。当你不再随大溜时，才会意识到自己以前将多少时间和精力浪费在了盲目从众上。

**"特立独行"可以让我们在
竞争激烈的社会中找到自己的位置。**

48　不想学习新知识的人与享受学习新知识的人

　　50岁后，有的人觉得完全没必要花费精力去学习新东西，有的人则积极地学习新知识。只要稍微与他们聊上几句，你就能明白这两种人的区别。不想学习的人依靠既有的知识和经验生活，他们总是反复谈论过去的话题，缺乏新鲜感。而那些愿意学习新知识的人总是活在当下，你们聊起天来会不断产生新的话题，让人听得津津有味，兴趣愈浓。比如，"最近，我终于理解了××事"，"之前，我头一回接触了××，真是有意思啊"。

　　没有学习意愿的人可能暂时不存在什么烦恼、压力，他们把学习新知识消极地理解成"要我学"。然而，那些既有的经验和知识可能已经犹如化石古董，如果再过个几十年，完全无法帮他们维持现状，只会令其不断落后、退化。

　　另外，我还听过有些人说"自己在读书，在学新知识"，或是"我在视频网站上学东西"。虽然这总比不读、不看好一点，但如果只是单纯地往大脑"输入知识"的话，很难将其转化成自己的东西。

不断改变和提升自己的人常常全身心地投入到新知识的学习中。比如学习自己没做过的菜肴，接触自己没弹过的乐器，体验自己没尝试过的体育项目、书法艺术、语言、俳句等。如今，我们通过文化学校、个人培训班、ZOOM教室等很多途径都能获得新知识。

我最近在学习茶道，作为一个初学者，和众多陌生人一起学习有一种新鲜的紧张感。然而，当我接触到新的信息，有新的发现后，学习的过程也变得有趣起来。有时候，我甚至想开个茶话会跟大家分享一下自己的新体验。

不断地接触和学习新知识能让我们从不同的视角看待诸多问题，也能让我们更加成熟。我们不妨以一年为单位来学习新知，哪怕从一个小小的知识点入手也可以。

学习，无论多晚都来得及。

49　拥有年龄相仿的朋友的人与拥有不同年龄段的朋友的人

那些 50 岁后在工作和生活上依然十分活跃的人，他们往往拥有不同年龄段的朋友，交友范围十分广泛。相反，另外一些没怎么获得个人成长的人，他们的社交圈基本上是由同学、同侪等与自己年龄相仿的朋友组成，大家聚在一起也只是吃吃喝喝而已。同龄人之间年龄相仿，所以谈论的话题无非是"以前有这么一件事情"，"最近老花眼的度数又增高了"，等等。他们试图从这些陈年旧事中找到共鸣，因此，聊起天来倒也不费力。不过正因如此，彼此之间能学到的东西也非常有限。

相反，当一个五十多岁的人和一个二十多岁的人聊天时，他们一般很少会聊到自己这个年龄段的人感兴趣的话题。彼此熟悉之前，他们会先去努力了解对方的兴趣或现状。比如让对方谈谈现在什么东西比较流行，如何才能收集到想要的信息，或是在对方向自己倾诉烦恼时给予其意见、建议等。就像一个"别扭二人组"一样，彼此之间相互交流，分享知识、经验，相互学习，相互促进。

年长之人向我们传授的知识、经验也非常宝贵。每当和七八十岁的好友聊天时，我都会深受鼓励。他们教授我生活的智慧，告诉我如何去照顾年迈的父母，如何做到与他人相互关心、支持。在闲来无事时，还能收到忘年交打来的电话，听他们问候一句"还好吗"，我觉得这也是一件幸福的事。

结交不同年龄段的朋友的秘诀是尝试改变自己惯常的活动范围，去那些不常去的地方走走，参加一些富有创意的小组活动。现在，我们还能通过社交软件来结识新朋友。比如，在个人主页发布"自己热衷的活动"等话题，感兴趣的人自然会访问。

半年前，在一场音乐会上，邻座一位七十多岁、优雅迷人的女士向我打招呼后，我们俩就热火朝天地聊了起来。两天后，我还去她的府上拜访。现在，我们已经成了可以相互留宿的至交好友了。其实，抓住各种小机会与人打交道也是交朋友的秘诀之一。

忘年交能为彼此提供成长的动力。

50 把休息时间花在看电视、打游戏上的人与
利用休息时间专注于重要事物的人

即使是平时努力工作的人——不，正因为平常努力工作，才会说："休息的时候看几部影视剧算是唯一放松的事了。"除了年轻人，越来越多的中老年人只要有时间也热衷于打游戏和上网。

我并不是说不能打游戏。只是把时间和精力都花在这些娱乐活动上，没有时间去做重要的事，这是很遗憾的。

其实，玩手机、上网、看电视、打游戏等视觉性的娱乐项目要比我们想象中更容易让大脑产生疲劳。即便漫不经心地做这些事，也会让人身心俱疲。特别是一些看电视、打游戏成瘾的人，他们非常容易沉迷某些事，甚至在现实生活中经常产生严重的自我缺失感和孤独感。他们不知道应该把时间用在哪些事情上，才给了窃取时间的"小偷"乘虚而入的机会。

我们大可不必用电视剧或游戏来填补工作间隙的空白。试着去散散步、做做饭、收拾收拾屋子等，活动一下身体也未尝不可。做这些简单的体力活动时，我们可以腾出时间真正地审视自己的内心，把电视剧或游戏赶出大脑，思考真正应该做些什么。

那些五六十岁依然精神饱满的人总能在下班后找到令自己享受其中的事情。除了享受阖家欢乐和个人独处的时光，他们还会去运动，去发展兴趣爱好，去全身心地投入某项学习中，去和三两知己交杯换盏、秉烛夜谈。因为他们非常清楚如何规划自己的时间。

如果你有大把时间却不知道该如何利用，我建议你可以给自己制订一个"个人时间表"。比如，"周六是××日"，"上午我需要抓紧时间认真做××事，下午可以放松休息"，等等。不妨根据自己的心情，着手制订一个"个人时间表"。

主动制订"个人时间表"，

让自己真正爱上自己。

51 受挫就放弃的人与受挫就想办法找出路的人

有些事还没做就放弃确实是个大问题。一受挫就马上放弃的人很难实现自己的目标。

独立开拓人生之路的人理解前进路上必然会遇到种种困难和障碍，但他们依然会去想办法解决问题，克服困难，寻找其他出路。比如，再就业面临难题时，有些人会将其归咎于自己年纪大才不好找工作，于是就干脆放弃了；而有些人则坚持不懈地找方法，找出路，他们会考虑"看准时机再挑战一下"，"再就业比较困难，那就先从兼职打工开始吧"，"自己说不定也能开个店"，等等。面对新爱好、新领域，有的人稍微遇到什么磕磕绊绊就打退堂鼓，有的人则屡败屡战，遇见难题便找人协作或是重新确定目标……

不过，我们最好能尽快放弃那些"不擅长的事情"，"不愿意做的事情"，"一己之力无法改变的事情"。把自己的时间和精力全部放在"可能会实现的事情"上才是最稳妥的。

　　我的一位女性朋友能在短期内实现一些较困难的目标。比如，"把房子装修一下再住"，"建个集装箱房"，等等。当然，她也有很多做不好的事情，包括体力活在内的一些事情她就做不好。但是她能用自己的方法找到性价比较高的人力和材料，进而实现自己的想法。这也是随着年龄增长而积累下来的智慧。

　　放弃想做的事情为时尚早。在工作上、人生幸福上、学习上、身心健康上、容貌形象上，那些从不轻易放弃、用自己的方法实现目标的人，在人生路上总能得偿所愿。

把精力全部放在能倾尽热情的事物上，

不断地尝试，屡败屡战，直到实现目标。

52　没耐心倾听他人的人和乐于倾听他人的人

那些毫无恶意却常被他人疏远的人，总是"一个劲儿地聊自己的事，不肯听他人倾诉"，他们不肯坦然地听别人讲话，除了"对对方没兴趣""自己心里早已一清二楚""谋求对方认可的欲求强烈"等原因，归根结底是因为他们觉得"对方的话没有倾听的价值"。

有些人随着年龄的增长，自认为很有优越感而不愿意好好听别人讲话，总是一味地输出自己的想法。但是，人际关系上一个不容忽视的事实是：人们更喜欢那些熟悉自己、了解自己的人。

曾经，一位古稀之年的著名作家和几个人在一起聚餐。别人明明只想听这位著名作家的故事，可是这位作家反而让在座的其他人讲讲他们自己的故事，而且，他听到有趣、新奇之处还随声附和，看起来听得津津有味。不消说，大家对他更为崇拜了。

"先深入地了解对方，然后，你会被对方更深入地了解。"

50岁后，我们面临的最重要的问题是有没有足够的气度去倾听别人。

在和别人聊天时，如果你感觉"可能没有听进去对方的话"，那么你可以在聊完自己的事情后问问对方："你觉得呢？"

在倾听对方讲话时，你也可以适时地附和回应："原来也有这种事"，"这算是个意外吧"。同时，注意说话时的表情和语气。

最重要的是，聊天时你要注视着对方。很多没认真听别人说话的人聊天时只是装作看着对方而已。如果能注视着对方，观察对方的眼神、表情，你就能读懂对方是不是有什么想说的话，是不是有点无聊，是不是听得津津有味……这样也可以避免自己说错或说岔。

倾听他人的人会突破固有思维，

开拓更广阔的世界。

53 抠抠搜搜为晚年存钱的人与大大方方
把钱花在个人成长上的人

　　50岁后没有收获成长的人一般都是在花钱上缩手缩脚的人。他们抠抠搜搜地为晚年存钱，基本上没有把钱花在自我成长上。他们的初衷虽然是"节约用钱"，但却时常会浪费钱。比如，贪图便宜囤一堆没用的东西；买来买去都是选一些质量差的商品；不好好保养身体，最后落得花钱治病。

　　善于花钱的人只会把钱花在刀刃上，在重要之事上绝不抠抠搜搜。我们确实有必要为将来存点积蓄，但更重要的是去投资自己，让自己变成一个"比现在更能挣钱的人"。比如，去学习新技能，去积累新经验，去遇见陌生人，去加入社团小组，去阅读，去健身，去给人带来欢声笑语……把钱花在这些"当下"的事情上会帮助我们在下一个人生阶段挣到更多的钱。

美国商业哲学家吉姆·罗恩（Jim Rohn）在他的著作中提出了"五人定律"。这一定律指出，你是你最常接触的五个人的平均值。年收入、生活水准、智力才华、精神思想、经验体会、目标等相近的人会聚在一起，彼此影响。

这个定律有一定的道理。有共鸣的人，在待人处事等方面拥有相似的价值观，彼此之间可以相互促进，只要自己成长，也会带动身边的人成长。

如果你想在 50 岁后获得充实的生活，就要把时间、精力和金钱花在自己身上，去不断地学习新知识。

"投资自己"并不是说盲目地去学习，而是按照自己的脾性，从"我能靠什么给他人带来欢乐"的角度，来思考未来的目标。

投资自己，获得新的自我价值。

54 上了年纪就不修边幅的人与年纪越大越讲究仪容仪表的人

很多不修边幅的人常常说"上了年纪，就不必再讲究什么外表了"，"重要的是看内涵"。这些人看问题缺乏客观性，没有注意到仪容仪表的重要性。特别是离开公司单干后，人们关注的不是"××公司××项目负责人"的头衔，而是你这个人。

无论你有多么丰富的学识和多么好的涵养，如果全身邋里邋遢，衣着花里花哨，状态老气横秋，给人一种不太干净的感觉，周围的人也会敬而远之，不愿意跟你打交道。

年轻时，即便衣着廉价、发型蓬乱都可以说是个性使然，但是50岁后就不能这么做了。

重视仪容和不重视仪容的人，两者之间的差距会随着年纪的增长越来越大。

除了自己本来的容貌、身高、身材外，更重要的是了解什么适合自己，享受自己的时尚。

我有一位七十多岁的男性朋友。他平常总穿牛仔裤，冬天会穿皮夹克，围上丝巾，夏天会穿花纹鲜艳的 T 恤衫。另一位六十多岁的女性朋友说，她想一直穿着细高跟鞋到 80 岁。这些个性突出的"小执着"就是在告诉别人"我就是这样一个人，还请你多多关照"。

如果你在外表、衣着上没什么"小执着"，也不知道自己适合穿什么，我强烈建议你去听听别人的意见。最好能问问那些爱漂亮、好打扮的家人、朋友。实在不行的话，你可以到自己常去的商店或美容店找找熟识的店员，请他们给些建议。

我们可以时常请别人给自己的仪容仪表打打分，争取把自己的满分形象表现出来。

注意保养，从客观上
保持自己帅气、美丽的形象。

55 不愿吃亏受损的人与不吝为别人贡献力量的人

一些对自己晚年生活感到不安、时常焦虑的人，他们在待人处事上容易从利害得失的角度考虑问题，绝不愿意做什么吃亏之事。比如，他们觉得"再说什么多余的话只会让自己吃亏，干脆不说"，"只想和那些给自己好处的人来往"，等等。人们往往从言谈举止上就能看出他们内心的小算盘。

还有的人在再就业时，一味追求高工资，却不管工作内容如何，很嫌弃那些钱少事多的工作。因此，他们往往按利益得失来选择工作。

在商业上讲究利益是理所当然的。然而，50岁后绽放之人并不怎么看重利益得失，他们从不吝啬自己能做的、能贡献的力量，因此能获得周围人的厚爱与信赖。

所谓的吃亏也并非吃什么大亏，人们不需要忍耐什么，只是费些力气罢了。比如，帮点小忙，接受委托，教授些技巧、知识，倾听烦恼，分享一些小东西，等等。人们能爽快地答应这些举手之劳的事。因此，他们能收获他人的感激，甚至能获得他人的竭力回报。换句话说，不吝为别人贡献力量的人从不以利害得失来建立人际关系。所谓"福祸相依"，选择蝇头小利到头来自己也会受损；选择吃亏奉献，你终将获得回报。

一个人若能选择"吃亏奉献"，会让旁人感受到他成熟练达的人性光辉。

前半生，我们接受了各种各样的培养和教育，成长为现在的自己；后半生，我们不妨不计较世俗得失，以贡献社会和造福后代的态度度过接下来的每一天。

50 岁后不计较利害得失的人际关系

是自己真正的后盾。

56 一味感动的人与思考感动背后原因的人

50岁后绽放之人常常为生活中的点点滴滴所触动，所感动。比如壮丽秀美的自然风景，温暖深厚的情谊，源远流长的文化与历史，精湛卓绝的艺术作品，独辟蹊径的思维方式，等等。尤其是遇见一些让人不禁拍案叫绝的工作成果时，他们内心深处常常触动不已，但他们不会一味地感动，而是思考其背后的原因。比如，碰见了让人惊艳的菜肴，他们会想到"看这个肉的软糯程度，应该是炖了很长时间"，"把食材这么搭配，真是令人意想不到"。他们将这些想法告诉对方后，会赢得共鸣，收获喜悦。

有时候，人们还会感动于别人的工作态度。

我时常把汽车开到熟识的 4S 店保养。每次去领车时，汽车都被保养得锃亮发光，像新车一般，让我很感动。另外，面对木匠的精湛手艺，以及建筑师那天马行空的奇思妙想，我总是惊羡不已。

此外，我还会被某些工作或产品背后的故事感动。

我有一位七十多岁的朋友，他花了二十年的时间凿山种树，种出了一片森林，并在里面开设了理想中的旅馆。旅馆中的各个房间和家具都是用山中的树木制成的。旅馆中绝大部分的食材也是自家种植的。这里就像一个收纳物资越来越多的"感动仓库"一般，我不断被其感动。我为这里的纯天然、无污染而感动，为提供服务的人而感动，为他们的耐心和毅力而感动，为他们工作的热情、坚定的信念和克服种种困难的精神而感动。

能触动人心、带来感动的工作就是有意义、有价值的工作。

当你感动时，不妨想想感动背后的原因。如此，你可能也会想要变成这种感动他人的人，想为他人提供这种"感动仓库"。

"感动"是提升自我的能量，

是给人带来欢乐的能力。

57 从未计划过十年以后的人与
认真计划过十年以后的人

也许有人会说："十年之后的事情根本无法想象。"

其实，我便是以一年为单位来考虑问题的，走到哪里算哪里，不会对未来的生活做十分详细的计划。但是，我也模模糊糊地有以后想要实现的目标。有梦想和希望的话，每一天都是快乐的，工作时会自然涌出具体的渴望，明白自己"想做什么""想要学会什么"。

如果想象一下十年后的自己，你的大脑会下意识地伸出"感应天线"，有关的人、信息和机遇也会向你靠拢。反之，如果完全不考虑十年后的自己，那么你很可能会因为贪多而迷失方向，焦虑不安。

当你想象十年后的自己时，不一定要有具体的目标，比如，不一定非要存够 2000 万日元等。你可以沿着"让自己兴奋不已、跃跃欲试"的"路标"，以一个大致的理想生活方式，以及理想的"人际关系""工作事业""居住环境"为切入口，想象一下自己以后的状态。比如，"想在十年后与合得来的朋友共建一个小社团，相互扶持着过日子"，"想每周工作三天，剩下的时间去参加所在地区的公益活动"，"想搬到山清水秀的地方远程工作"，等等。

想要享受人生，最重要的是明白自己想玩什么样的"游戏"，知道自己想和谁待在一起，清楚自己在哪里最安心、最舒服。

如果你的心境发生转变，或者途中出现了什么状况，重新修正"轨道"也没关系。

其实，思考十年后的自己，与其说是为了实现十年后的目标，不如说是为了在"当下"激发出令人兴奋的、让人沉浸其中的乐趣，并让这种乐趣一直保持下去。

我们不妨思考一下"十年后想要成为的自己"

与"以一年为单位能实现的目标"。

58 担忧未来的悲观之人与
享受未来各种可能性的乐观之人

50 岁后，很多人对未来抱有悲观的想法，总是消极地看待问题。他们一心认为事情不会变得比现在好，自己也不会赚到更多的钱。相反，50 岁后绽放之人会很积极地看待未来的生活，他们觉得未来充满了各种可能性，值得期待，认为"也许命运会给我们一个大惊喜"，"自己说不定能找到一个有意思的工作"。

通常，命运会眷顾那些乐观之人。

不断描绘着模糊但美好的未来的人，他们的未来也会真的变得光明而美好，也真的会遇见"幸运之神"。

一个人 50 岁后才真正步入"活出自我"的阶段。50 岁后，我们不必在意年薪、头衔、公司的知名度，也不必被周围的闲言碎语牵着鼻子走。我们能做自己想做的事，选择有价值、有意义的事。50 岁后，我们可以真正享受人生的乐趣，在生活、人际关系、读书学习等各个方面充分地活出自我。

一个人即便过了50岁，身体里也蕴藏着巨大的能量。他依然会有很大的发言权和影响力，有改变环境、解决问题的能力，有克服困难、渡过难关的智慧。

当意识到自己年龄的巨大优势，意识到时间的有限性时，不妨转换一下视角：不去悲观地看待未来，而是去尝试一些自己早就想做的事，充分地享受当下的人生。

人生能不能有一个美好的结局，决定权全在你自己。

50岁后绽放之人，他们每时每刻都在向光明、美好的方向努力，每时每刻都沉浸在自己工作的喜悦中。他们专心致志，心无旁骛。

积极地看待未来，

前进的每一天你都会感到快乐。

图书在版编目（CIP）数据

50岁，我自花开 / (日) 有川真由美著；贾耀平译
. -- 北京：北京联合出版公司，2024.12

ISBN 978-7-5596-7626-9

Ⅰ. ①5… Ⅱ. ①有… ②贾… Ⅲ. ①人生哲学—通俗
读物 Ⅳ. ①B821-49

中国国家版本馆CIP数据核字（2024）第096980号

50 SAI KARA HANAHIRAKU HITO, 50 SAI DE TOMARU HITO
Copyright ©2022 by Mayumi Arikawa
All rights reseved.
First original Japanese edition published by PHP Institute, Inc., Japan.
Simplified Chinese translation rights arranged with PHP Institute, Inc.
through Chengdu Teenyo Culture Communication Co.,Ltd.
Simplified Chinese edition Copyright ©2023 by Beijing Baby Elephant &
Orange Cultural Media Co., Ltd.

北京市版权局著作权合同登记号 图字：01-2024-3127号

50岁，我自花开

作　　者：［日］有川真由美
译　　者：贾耀平
出 品 人：赵红仕
责任编辑：徐　樟
特约编辑：高继书　姬　巍
封面设计：果　丹
内文排版：末末美书
封面插画：非　鱼

北京联合出版公司出版
（北京市西城区德外大街83号楼9层　100088）
北京联合天畅文化传播公司发行
北京美图印务有限公司印刷　新华书店经销
字数108千字　787毫米×1092毫米　1/32　7.125印张
2024年12月第1版　2024年12月第1次印刷
ISBN 978-7-5596-7626-9
定价：39.80元